核电厂维修人员专业技能培训教材

继电保护设备检修

中核核电运行管理有限公司　组织编写

中国原子能出版社

图书在版编目（CIP）数据

核电厂维修人员专业技能培训教材. 继电保护设备检修 / 中核核电运行管理有限公司组织编写. —北京：中国原子能出版社，2020.11（2024.7 重印）

ISBN 978-7-5221-0948-0

Ⅰ. ①核… Ⅱ. ①中… Ⅲ. ①核电厂–继电保护装置–设备检修–技术培训–教材 Ⅳ. ①TM623.7

中国版本图书馆 CIP 数据核字（2020）第 192098 号

核电厂维修人员专业技能培训教材　继电保护设备检修

出版发行　中国原子能出版社（北京市海淀区阜成路 43 号　100048）

责任编辑　刘东鹏

装帧设计　赵　杰

责任校对　冯莲凤

责任印制　赵　明

印　　刷　中煤（北京）印务有限公司

经　　销　全国新华书店

开　　本　787 mm×1092 mm　1/16

印　　张　6.625

字　　数　166 千字

版　　次　2020 年 11 月第 1 版　2024 年 7 月第 2 次印刷

书　　号　ISBN 978-7-5221-0948-0　　　**定　价　48.00 元**

网址：http://www.aep.com.cn　　　**E-mail：atomep123@126.com**

发行电话：010-88828678　　　

核电厂维修人员专业技能培训教材

继电保护设备检修

编审委员会

主　任　邹正宇

副主任　朱晓斌　刘崇都　吴炳泉　董军成

委　员　王孔钊　王晓波　方幼君　卢才华

叶丹萌　朱　磊　孙国忠　李厚文

吴小海　吴明亮　邹俊磊　张世敏

周瑞东　郑建华　费志松　徐宏明

盛建华　韩光辉　蒲晓彬　樊鹏飞

编　者　吴玉鹏　邱立伟　冒　杰　魏彦勋

审　者　包彦省　李嘉敏　陈景荣　钱厚军

出版前言

为保障入职一年以上的核反应堆维修员工获得应对正常工况和紧急情况所需的工作技能和技术水平，中核核电运行管理有限公司维修领域各处室和综合培训处在完成维修专业技能培训科目编制和教学实施工作的基础上，继续推动了《维修专业技能培训教材》继电保护合订本的出版工作。

《维修专业技能培训教材》继电保护合订本中所有科目于 2015 年编制完成。2016 年开始面向维修领域入职一年的员工进行教学实施，并纳入中核核电运行管理有限公司各维修处室的岗位培训清单。《维修专业技能培训教材》继电保护合订本的所属科目对维修领域的员工技能培训工作中起到了“提高维修技能水平、保障机组安全生产”的作用。为了更好发挥维修专业技能培训教材的作用，配合核电厂维修领域工作的顺利有序开展，便于培训部门有效地组织培训，正确引导学员通过培训、学习，提高自身素质和能力，中核核电运行管理有限公司综合培训处组织印刷出版《维修专业技能培训教材》继电保护合订本。

《维修专业技能培训教材》继电保护合订本内容紧扣维修领域入职一年后的员工所迫切需要掌握的维修相关技能；通过对核电厂共性专业设备中继电保护知识学习和基本操作技能演练，正确辨识相关参数，通过对核电厂共性继电保护设备基本操作演练，正确认识岗位上专业维修继电保护设备的基本操作方法，进而提升核电厂维修人员对继电保护设备进行规范操作的能力。

《维修专业技能培训教材》继电保护合订本包含 3 个部分。其中第一部分 发变组保护维修专业技能培训由冒杰负责编写，第二部分 500 kV 线路保护维修技能培训由吴玉鹏负责编写，第三部分 中压断路器、中压接触器保护装置及控制回路检查、校验维修专业技能培训由魏彦勋负责编写。内容涵盖核电厂共性专业设备中继电保护设备的理论知识和基本操作技能。

《维修专业技能培训教材》继电保护合订本的编制出版，凝聚着编、审、校、排、印及组织管理人员的大量辛勤劳动和心血，同时得到了相关部门的大力支持和热情帮助，在此表示深深地谢意！

《维修专业技能培训教材》继电保护合订本中如有不妥之处，恳请批评指正。

中核核电运行管理有限公司

目　录

第一部分　发变组保护维修

第二部分　500 kV 线路保护维修

第一部分　发变组保护维修

第一章　操作准备

1.1　原理描述

1.1.1　保护装置硬件说明

WFB-800 微机型发电机变压器组保护装置采用许继公司新一代基于 32 位浮点 DSP 技术的通用硬件平台。整体大面板，全封闭机箱，硬件电路采用后插拔式的插件式结构，CPU 电路板采用 6 层板，表面贴装技术，提高了装置可靠性。

机箱采用 19 英寸 6U 全宽机箱，抗干扰能力强。硬件框图如图 1-1 所示。

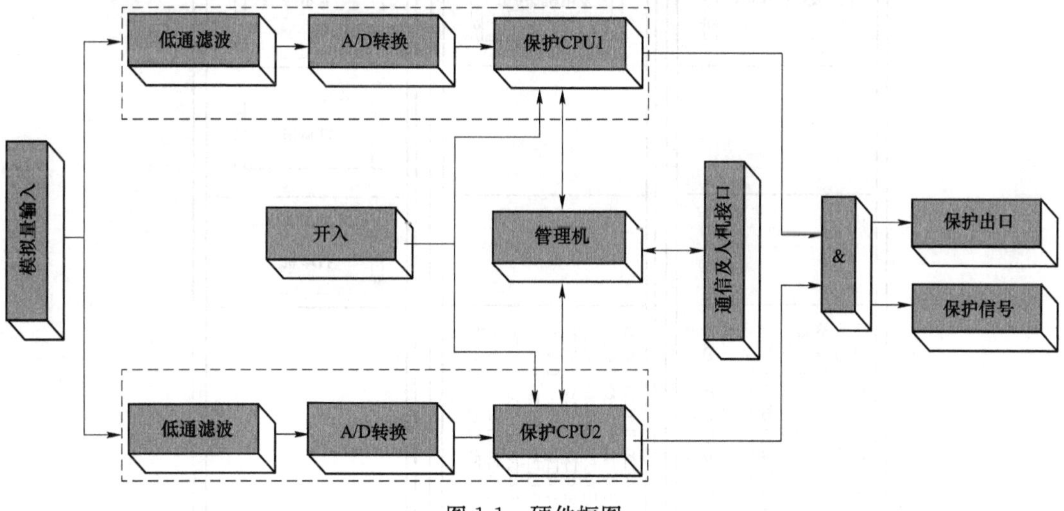

图 1-1　硬件框图

装置由双 CPU 系统构成，它们是完全相同的两套系统，但相互之间又完全独立。每套系统中均包含滤波、采样、CPU 及 CPLD 等硬件回路，可独立完成采样、保护、出口、自检、故障信息处理和故障录波等全部功能。各 CPU 系统中针对不同的保护设置启动元件，启动元件动作后开放保护装置的出口继电器正电源。装置采用双 CPU 互“与”出口方式，各保护动作元件只有在其对应的启动元件动作后才能跳闸出口，从而有效地防止了硬件回路中元件损坏造成保护装置误出口，使装置具有冗余性，提高了装置运行的可靠性。

另有一块管理机接口板，由一片 DSP 专门处理键盘操作、液晶显示、信息打印等人机对话任务。正常运行时，液晶可显示当前时间、发—变组单元主接线以及电压、电流等实时数据，人机对话中所有的菜单均为简体汉字。通过提供的专用软件，可对保护进行更为方便、详尽的监视与控制。

装置核心部分采用德州仪器公司（Texas Instruments）的 32 位数字信号处理器 TMS320C33，主要完成保护的出口逻辑及后台功能，使保护装置整体精确、高速、可靠。

1.1.2 发电机—变压器组保护配置

发电机—变压器组的微机继电保护装置按双重化配置（非电气量除外），要做到：

1）两套发电机—变压器组的微机继电保护装置（包括出口跳闸回路）应完整、独立安装在各自的屏内，之间没有任何电气联系。当运行中的一套保护因异常需退出或检修时，应不影响另一套保护的正常运行。如图 1-2、图 1-3 所示。

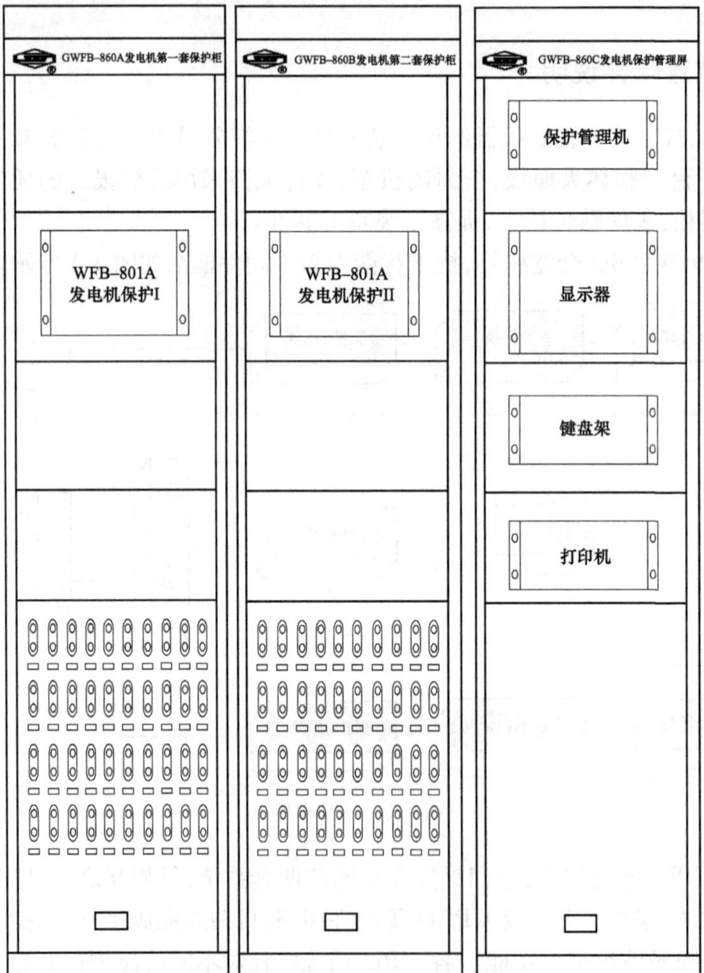

图 1-2 发电机保护组屏方式

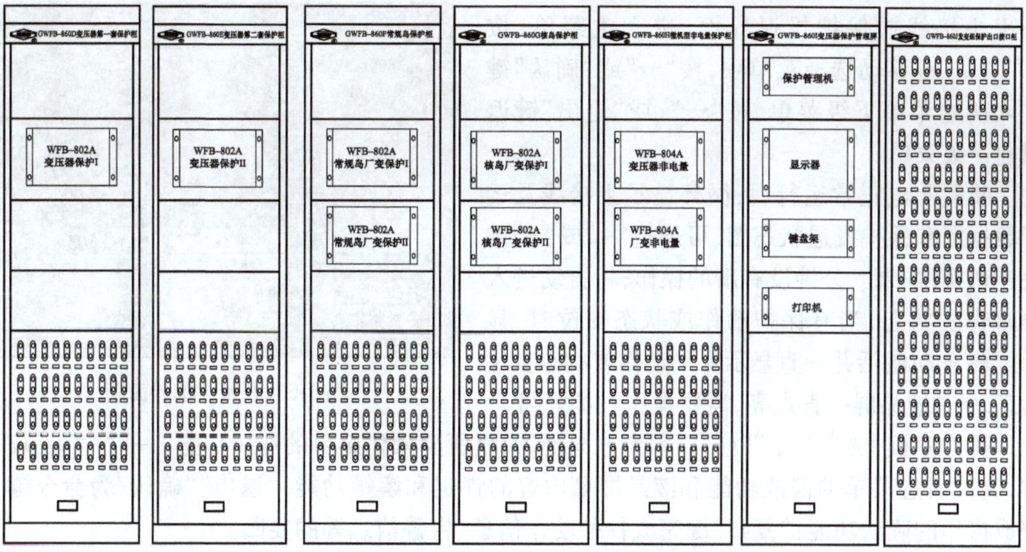

图 1-3　变压器保护组屏方式

2）每套保护装置均应配置比较完整的差动，后备保护及异常保护，能反映被保护设备的各种故障运行状态。

3）每套装置的交流电压和交流电流应分别取自电压互感器和电流互感器互相独立的绕组，其保护范围应交叉重迭，避免死区。

4）非电量保护应设置独立的电源回路（包括直流小空气开关及直流电源监视回路），出口跳闸回路应完全独立，在保护柜上的安装位置也应相对独立。

1.1.3　发电机—变压器组保护装置操作说明

面板图如图 1-4 所示。WFB-800A 命令菜单采用类 Windows 图形用户界面设计，菜单设计简洁、操作方便快捷如图 1-5 所示。在初始主接线或保护投退状态界面下，按“退出”键

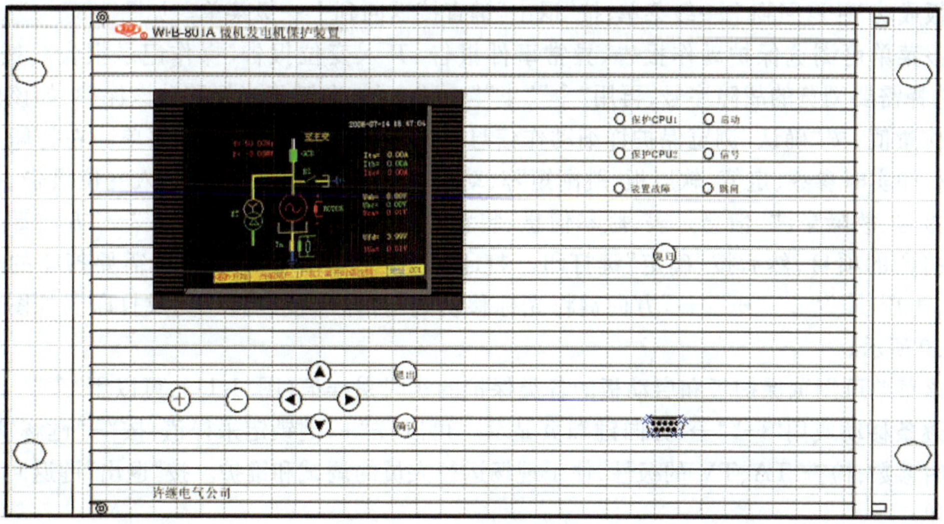

图 1-4　发电机保护装置面板图

退出主接线或保护投退界面，进入主菜单，按“↑”“↓”键移动选择菜单项，按“→”或“确认”键进入所选菜单下级菜单，按“←”、或“退出”键返回前一级菜单。

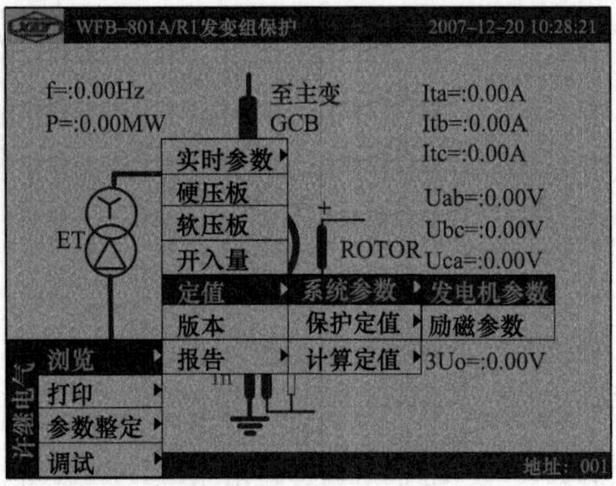

图 1-5 开始菜单界面图

装置上电正常运行后，循环显示主接线及运行数据图和保护投退状态图，可通过“+”或“−”键快速切换，如果 5 分钟没有新的操作，将自动进入屏幕保护状态；当有保护动作或状态变位时，显示屏将自动激活并一直显示保护动作或状态变位信息，保护液晶屏一直点亮，需要操作人员复归。

操作面板上“↑”“↓”“←”“→”为方向键，完成所要操作菜单的选择功能；“+”“−”为修改键，完成所选菜单的修改功能和液晶屏幕内容的锁定和解锁功能；“退出”“确认”为命令键，完成操作的确认功能：“复归”键完成各种动作信息、告警信息等的复归。

如图 1-6 所示为菜单命令展开图。

该菜单下可整定保护跳闸矩阵，按方向键选择要整定的保护，按“确认”键进入该保护的出口整定界面，按方向键选择开出序号，按“+”“−”键可更改该开出状态，“√”表示该保护动作后闭合此开出接点。整定完该保护出口矩阵后，按“确认”键保存并返回到上一级菜单，按“退出”键直接返回到上一级菜单，继续整定其他保护出口矩阵。所有保护出口矩阵整定完毕后，按方向键将光标移动到“保存”，按“确认”键，输入正确的密码，再次按“确认”键确认后，装置提示“保护开出修改成功”并返回到上一级菜单；按“退出”键，如果保护出口矩阵有修改，将提示“保护开出已修改，是否储存”提示栏，如果存储，输入正确的密码，提示“保护开出修改成功”并返回到上一级菜单，如果所有保护出口矩阵没有修改，直接返回到上一级菜单。见图 1-7。

该菜单下可整定保护软压板的投退状态，按方向键，可以切换光标，按“+、−”键可更改软压板状态。按方向键到“保存”，按“确认”键，输入正确的密码，按“确认”键，装置提示“修改压板成功”并返回到上一级菜单；按“退出”键直接返回到上一级菜单。见图 1-8。

该菜单可浏览保护动作报告、异常事件报告、开入变位报告、操作记录报告。按“+”“−”选择需要浏览的故障序号，再用“↑”“↓”“←”“→”方向键将光标移动该保护，如该保护有动作量值，按“确认”浏览保护详细动作信息，按“退出”键返回上一级菜单。在打印菜单下可打印实时参数、定值、软压板、跳闸矩阵、动作报告、异常事件报告、开入变位报告、操作记录报告、故障录波、信息点表、版本信息、装置参数。通过“↑”“↓”“←”“→”方向键选择需要打印的项目，然后按“确定”键打印。打印报告时，先用“+”“−”选择需要打印的故障序号，再用“↑”“↓”“←”“→”方向键将光标移动到“打印”，按“确认”完成打印。如图 1-9、图 1-10 所示。

该菜单可浏览保护板和启动板的各类保护的实时采样值（图 1-11），可以用“↑”“↓”方向键逐条移动或用“←”“→”方向键翻页显示。可以按“+”键锁定采样值，按“−”键解锁，查看实时参数，检查 TA、TV 的极性，便于现场运行人员的调试和维护。按“退出”键返回上一级菜单。

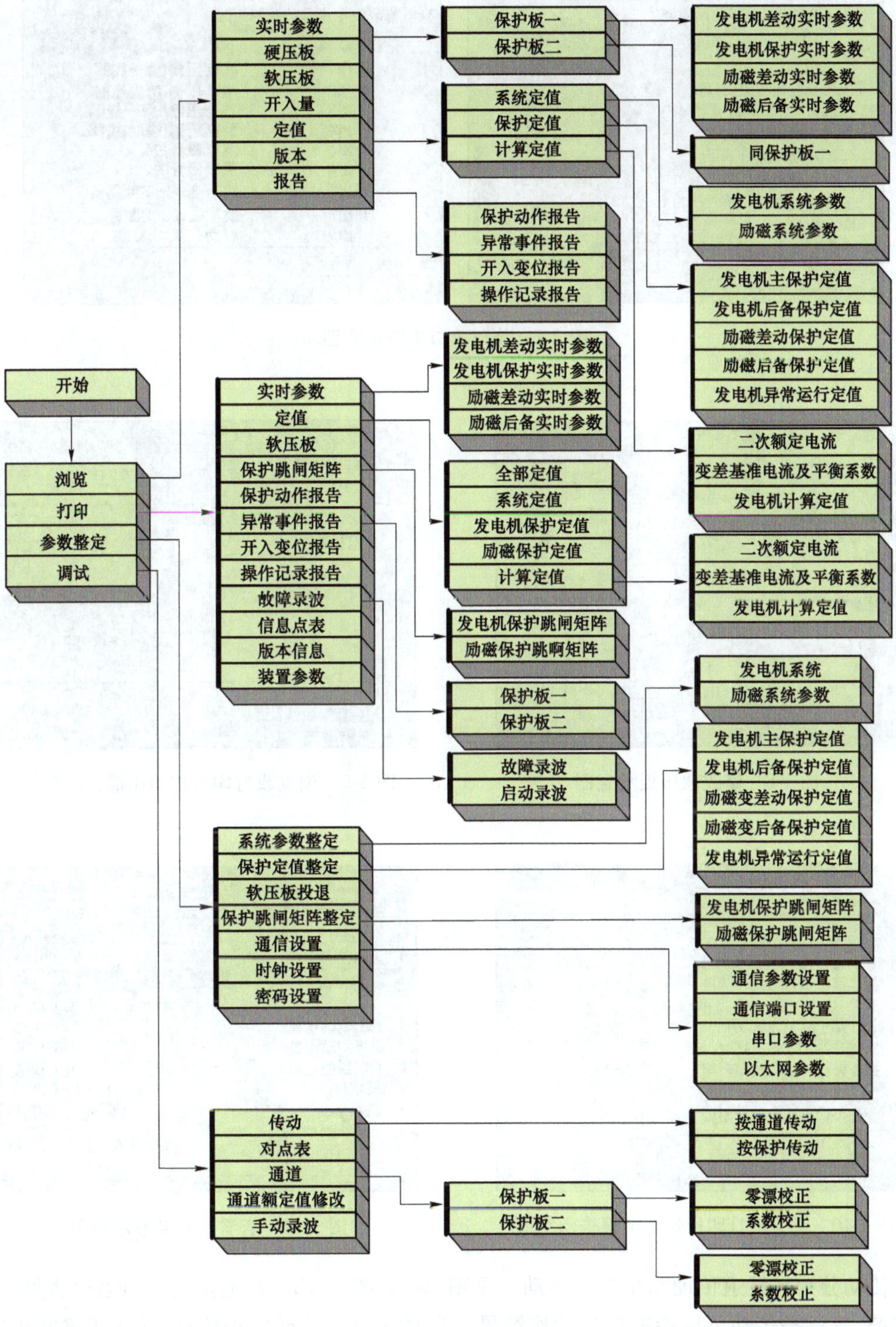
开始
浏览
打印
参数整定
调试
实时参数
硬压板
软压板
开入量
定值
版本
报告
保护板一
保护板二
系统定值
保护定值
计算定值
保护动作报告
异常事件报告
开入变位报告
操作记录报告
发电机差动实时参数
发电机保护实时参数
励磁差动实时参数
励磁后备实时参数
同保护板一
发电机系统参数
励磁系统参数
发电机主保护定值
发电机后备保护定值
励磁差动保护定值
励磁后备保护定值
发电机异常运行定值
二次额定电流
变差基准电流及平衡系数
发电机计算定值
实时参数
定值
软压板
保护跳闸矩阵
保护动作报告
异常事件报告
开入变位报告
操作记录报告
故障录波
信息点表
版本信息
装置参数
发电机差动实时参数
发电机保护实时参数
励磁差动实时参数
励磁后备实时参数
全部定值
系统定值
发电机保护定值
励磁保护定值
计算定值
二次额定电流
变差基准电流及平衡系数
发电机计算定值
发电机保护跳闸矩阵
励磁保护跳啊矩阵
保护板一
保护板二
故障录波
启动录波
发电机系统
励磁系统参数
发电机主保护定值
发电机后备保护定值
励磁变差动保护定值
励磁变后备保护定值
发电机异常运行定值
系统参数整定
保护定值整定
软压板投退
保护跳闸矩阵整定
通信设置
时钟设置
密码设置
发电机保护跳闸矩阵
励磁保护跳闸矩阵
通信参数设置
通信端口设置
串口参数
以太网参数
传动
对点表
通道
通道额定值修改
手动录波
按通道传动
按保护传动
保护板一
保护板二
零漂校正
系数校正
零漂校正
系数校止

图 1-6 菜单命令展开图

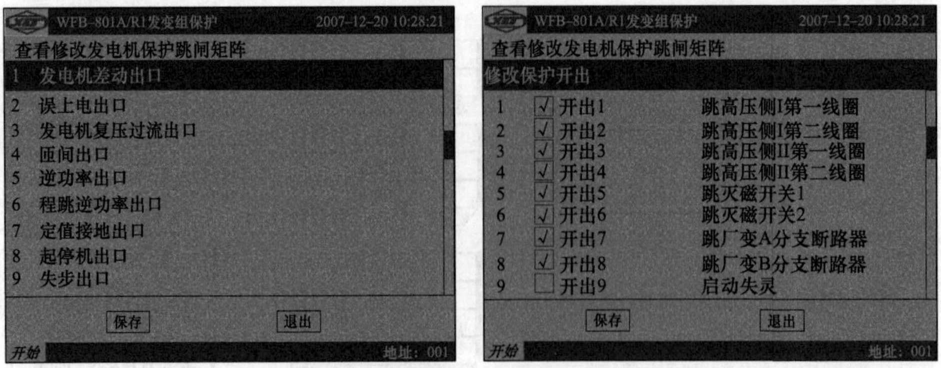

图 1-7 修改出口矩阵示意图

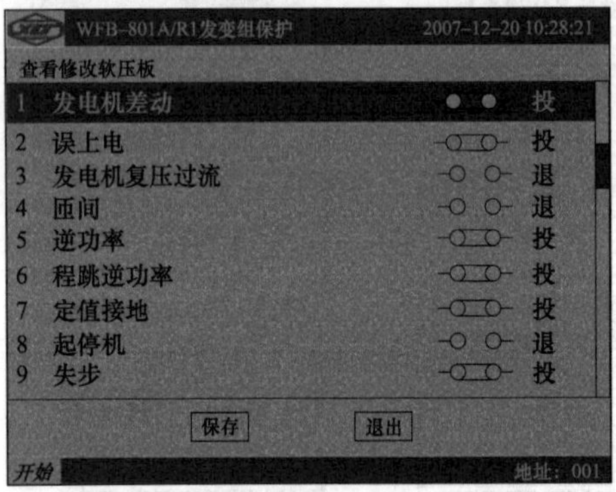

图 1-8 修改软压板示意图

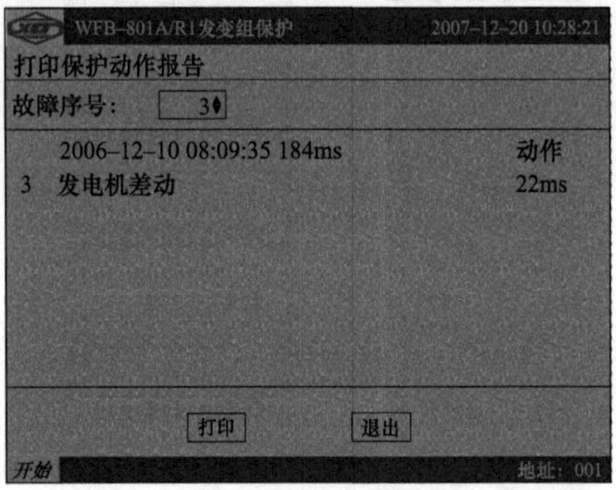

图 1-9 浏览或打印保护动作报告示意图

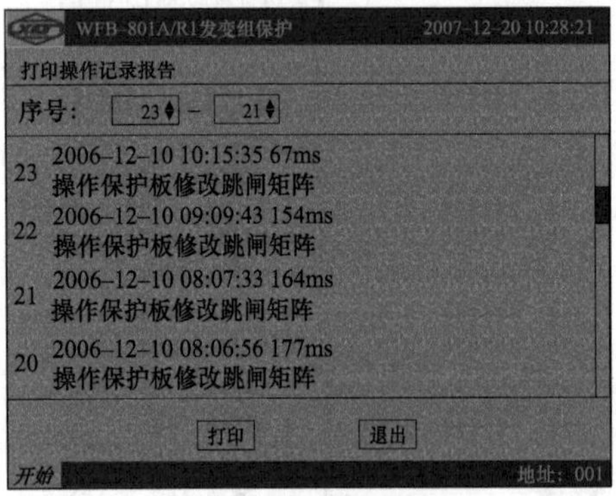

图 1-10 浏览或打印操作记录报告示意图

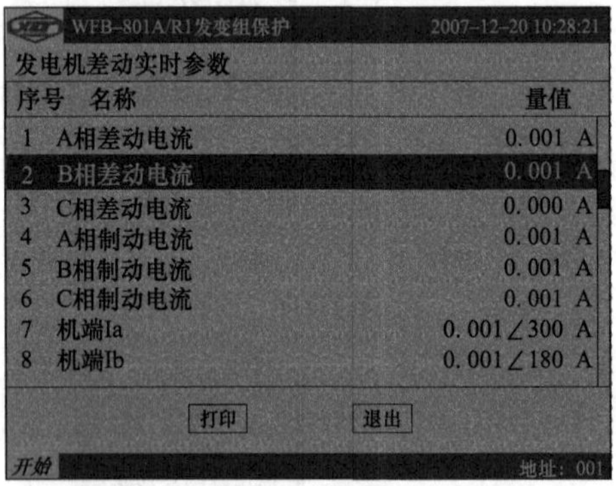

图 1-11 查看实时参数示意图

传动分为按通道传动和按保护传动。见图 1-12、图 1-13。按通道传动可以检查整个接线回路，按保护传动可以检查保护动作结果。选择通道传动或保护传动，输入正确密码后，用“+”和“–”键改变通道 ID 或矩阵 ID，确认传动，弹出菜单“预发返校成功”，是否继续”，用“←”“→”选择是或否，是则开始测试，并自动返回上级界面，否则退出返回上级界面。

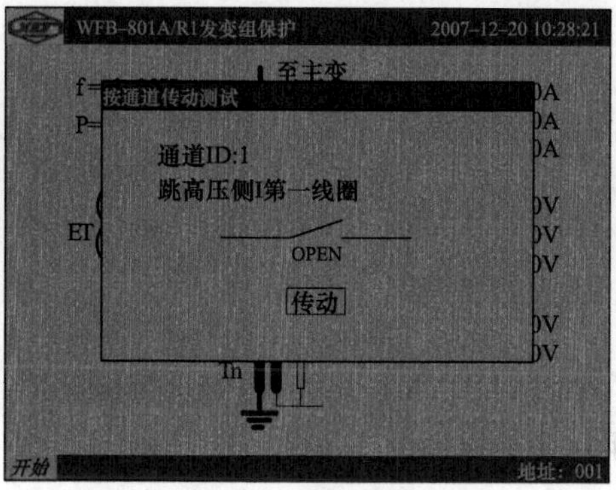

图 1-12 按通道传动示意图

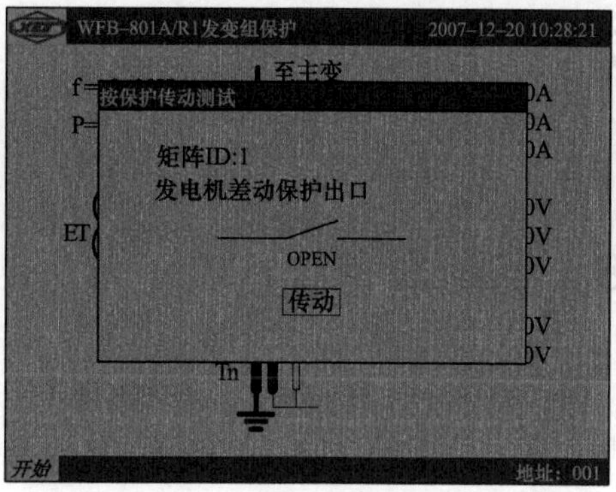

图 1-13 按保护传动示意图

1.2 文件准备

保护现场工作具有完整的工作包,包括工作指令单,质量计划、风险分析、领料单、隔离指令等,规程使用为 M/ME/X/GPA/XAR/009;M/ME/X/GPA/XAR/008,工前会、工后会记录单等。

1.3 工器具准备

继保测试仪一套;试验导线若干;万用表;兆欧表;个人工具一套。

1.4 模拟体准备

发变组保护培训屏处于可用状态。检查保护屏是否上电,核实可否送电,以确保教学过程的顺利实施。

1.5 辐射防护准备

无。

1.6 工业安全准备

按照电工作业安全规定执行,所有人员穿戴劳动保护用品。具体的工业安全准备需根据现场环境而确定,但基本的工业安全需要准备。所有人员必须佩戴安全帽、防砸鞋、工作服、手套等。检修场地使用警示带进行围栏,确保工作过程中无非工作人员进入。

1.7 配合人员准备

无。

1.8 场地准备

现场铺设白布用于摆放工器具;清理场地,确保检修场地无其他异物;合理分配场地,确保工具、设备的合理分布,方便检修;在场地外围布置警示带。

第二章　操作实施

2.1　发电机突加电压保护校验

发电机突加电压保护校验操作见表 2-1。

表 2-1　发电机突加电压保护校验

序号	操作步骤	操作要求	工器具	测评标准	备注
1	准备工作文件	标准文件及维修规程	无		
2	核对设备标牌	与工作票一致	无		
3	召开工前会	三向交流、经验反馈、分工明确	无		
4	保护装置上电检查	面板指示灯显示正常，屏幕显示正常，各按键功能正常，各项基本操作正常	无	装置无异常	
5	检查直流回路确无电压，用 500 V 兆欧表测量对地绝缘电阻，并记录	1 人监护、1 人操作	兆欧表		
6	将交流回路的外部接地线解开，用 1 000 V 兆欧表测量交流回路对地的绝缘电阻，并记录	1 人监护、1 人操作	兆欧表		
7	各模拟量采样通道的零漂检查：保护装置的各模拟输入量的输入为 0 时，检查各通道的采样值，查看保护板、启动板实时参数并记录	测试仪输出为 0	测试仪		
8	检查电流输入通道的采样值，查看保护板、启动板实时参数并记录	测试仪分别输出 30%、50%、100% 额定电流	测试仪		
9	检查电压输入通道的采样值，查看保护板、启动板实时参数并记录	测试仪分别输出 30%、50%、100% 额定电压	测试仪		
10	核对保护软件版本	1 人监护、1 人操作	无		
11	核对保护定值	1 人监护、1 人操作	无		
12	模拟励磁开关断开接点和发电机断路器断开接点，逐渐升高任意一相电流至保护动作，检测并记录使过流元件动作的最小动作电流	1 人监护、1 人操作、1 人记录	测试仪	动作电流与整定值的误差不超过 ±2.5%或 $\pm0.01I_n$	

续表

序号	操作步骤	操作要求	工器具	测评标准	备注
13	模拟发电机断路器断开接点，用测试仪输入适当的电流电压模拟位于第三、四象限的阻抗，逐渐减小阻抗值直至阻抗元件动作，并记录	1人监护、1人操作、1人记录	测试仪	动作阻抗与整定值的误差不超过±2.5%或0.1 Ω	
14	模拟发电机断路器断开接点，用测试仪输入适当的电压电流模拟一阻抗角为0°的电阻，逐渐减小电阻值直至阻抗元件动作，并记录	1人监护、1人操作、1人记录	测试仪	动作电阻与整定值的误差不超过±2.5%或0.1 Ω	
15	模拟发电机断路器断开接点，用测试仪模拟能使阻抗元件可靠动作的阻抗，测量阻抗元件的动作时间，并记录	1人监护、1人操作、1人记录	测试仪	动作时间与0.1 s的误差不超过±5%	
16	当阻抗元件处于动作状态时，改变断路器接点状态，测量阻抗元件的返回时间，断路器接点的保持时间，并记录	1人监护、1人操作、1人记录	测试仪	保持时间与3 s的误差不超过±5%或±40 ms	
17	用测试仪模拟能使阻抗元件可靠动作的阻抗，再用测试仪开出一付接点模拟断路器断开状态，测量断路器接点延时时间，并记录	1人监护、1人操作、1人记录	测试仪	实测时间与5 s的误差不超过±5%或±40 ms	
18	当阻抗元件处于动作状态时，将输入阻抗突变为使保护可靠不动作的阻抗，测量阻抗元件的返回时间，即为阻抗元件的保持时间，并记录	1人监护、1人操作、1人记录	测试仪	实测时间与1 s的误差不超过±5%	
19	召开工后会	总结反馈	无		

2.2 变压器差动保护校验

变压器差动保护校验见表2-2。

表2-2　变压器差动保护校验

序号	操作步骤	操作要求	工器具	测评标准	备注
1	准备工作文件	标准文件及维修规程	无		
2	核对设备标牌	与工作票一致	无		
3	召开工前会	三向交流、经验反馈、分工明确	无		

续表

序号	操作步骤	操作要求	工器具	测评标准	备注
4	保护装置上电检查	面板指示灯显示正常,屏幕显示正常,各按键功能正常,各项基本操作正常	无	装置无异常	
5	检查直流回路确无电压,用500 V兆欧表测量对地绝缘电阻,并记录	1人监护、1人操作	兆欧表		
6	将交流回路的外部接地线解开,用1 000 V兆欧表测量交流回路对地的绝缘电阻,并记录	1人监护、1人操作	兆欧表		
7	各模拟量采样通道的零漂检查:保护装置的各模拟输入量的输入为0时,检查各通道的采样值,查看保护板、启动板实时参数并记录	测试仪输出为0	测试仪		
8	检查电流输入通道的采样值,查看保护板、启动板实时参数并记录	测试仪分别输出30%、50%、100%额定电流	测试仪		
9	检查电压输入通道的采样值,查看保护板、启动板实时参数并记录	测试仪分别输出30%、50%、100%额定电压	测试仪		
10	核对保护软件版本	1人监护、1人操作	无		
11	核对保护定值	1人监护、1人操作	无		
12	对保护装置的各侧分相校验差动保护的最小动作电流,单侧单相分别加入电流,由零逐步上升,检测使保护动作的最小动作电流,并记录	1人监护、1人操作、1人记录	测试仪	换算后结果与整定值相比误差不超出±2.5%或±0.01I_n	
13	用测试仪加入两侧电流,先使两侧的电流平衡,然后改变其中一侧的电流,使差动保护动作。记录此时两侧电流的数值并计算出相应的制动电流和差动电流及制动系数	1人监护、1人操作、1人记录	测试仪	比例制动系数是否合理	
14	施加单侧单相基波电流为最小动作电流的1.2倍以上,差动速断整定值以下,叠加二次谐波量的系数比保护装置整定的二次谐波制动系数小0.05,差动保护应可靠动作,叠加的二次谐波量的系数比保护装置整定的二次谐波制动系数大0.05,差动继电器应可靠不动作,并记录	1人监护、1人操作、1人记录	测试仪	1.05可靠制动,0.95可靠动作	

续表

序号	操作步骤	操作要求	工器具	测评标准	备注
15	差流速断动作判别的只是差流的幅值,单侧全部输入二次谐波电流,差动部分不会出口,仅差流速断出口,检测使保护动作的最小动作电流值,并记录	1人监护、1人操作、1人记录	测试仪	测量值与整定值的误差不大于±2.5%或±0.01I_n	
16	在检测继电器最小动作电流试验完毕后,施加单相电流为最小动作电流的2倍,用继电保护综合测试仪测量动作时间,并记录	1人监护、1人操作、1人记录	测试仪	不大于30 ms	
17	在检验差流速断整定值完毕后,施加单相二次谐波电流为差流整定电流的2倍,用继电保护综合测试仪测量动作时间	1人监护、1人操作、1人记录	测试仪	不大于30 ms	
18	召开工后会	总结反馈	无		

表2-3 绝缘检查记录表

序号	测试回路	绝缘电阻值	要求
			不小于1 MΩ

表2-4 模拟量采样回路检查记录表

<table>
<tr><th colspan="8">电流二次回路</th></tr>
<tr><th rowspan="3">输入值</th><th colspan="7">显示值</th></tr>
<tr><th colspan="3">保护板</th><th colspan="3">启动板</th><th rowspan="2">相位</th></tr>
<tr><th>Ia</th><th>Ib</th><th>Ic</th><th>Ia</th><th>Ib</th><th>Ic</th></tr>
<tr><td>零漂</td><td></td><td></td><td></td><td></td><td></td><td></td><td></td></tr>
<tr><td></td><td></td><td></td><td></td><td></td><td></td><td></td><td></td></tr>
<tr><td></td><td></td><td></td><td></td><td></td><td></td><td></td><td></td></tr>
<tr><td></td><td></td><td></td><td></td><td></td><td></td><td></td><td></td></tr>
</table>

续表

电压二次回路							
输入值	显示值						相位
	保护板			启动板			
	Ua	Ub	Uc	Ua	Ub	Uc	
零漂							

表 2-5　突加电压保护校验记录

整定值	实测值					
	动作电流			返回电流		
	A 相	B 相	C 相	A 相	B 相	C 相
整定阻抗	实测阻抗					
	动作值			返回值		
整定电阻	实测电阻					
	动作值			返回值		

整定值				实测值			
t1	t2	t3	t4	t1	t2	t3	t4

表 2-6　变压器差动保护校验记录

500 kV 侧电流				
相别	整定值	整定电流	实测电流	
			动作电流	返回电流
A				
B				
C				
机端侧电流				
相别	整定值	整定电流	实测电流	
			动作电流	返回电流
A				
B				
C				

续表

常规岛厂变侧电流				
相别	整定值	整定电流	实测电流	
			动作电流	返回电流
A				
B				
C				
核岛厂变侧电流				
相别	整定值	整定电流	实测电流	
			动作电流	返回电流
A				
B				
C				

整定值							
500 kV 侧电流和机端侧电流比较	500 kV 侧电流						
	机端侧电流						
	差动电流						
	制动电流						
	制动系数测量值						
500 kV 侧电流和常规岛厂变侧电流比较	500 kV 侧电流						
	常规岛厂变侧电流						
	差动电流						
	制动电流						
	制动系数测量值						
500 kV 侧电流和核岛厂变侧电流比较	500 kV 侧电流						
	核岛厂变侧电流						
	差动电流						
	制动电流						
	制动系数测量值						

整定值					
实测	高压侧				
	基波电流/A				
	二次谐波电流/A				
	二次谐波系数				
	保护动作状态				

续表

整定值					
实测	低压侧				
	基波电流/A				
	二次谐波电流/A				
	二次谐波系数				
	保护动作状态				

500 kV 侧电流

相别	整定值	整定电流	实测电流	
			动作电流	返回电流
A				
B				
C				

机端侧电流

相别	整定值	整定电流	实测电流	
			动作电流	返回电流
A				
B				
C				

常规岛厂变侧电流

相别	整定值	整定电流	实测电流	
			动作电流	返回电流
A				
B				
C				

核岛厂变侧电流

相别	整定值	整定电流	实测电流	
			动作电流	返回电流
A				
B				
C				

差动保护动作时间	差流速断保护动作时间

2.3　实施中需要特别注意的几个关键点

1）保护校验开始之前，一定要验电。

2）保护装置上电前,一定要绝缘测量。

3）绝缘测量后,必须放电并恢复二次回路接地线。

4）进行校验工作前,必须投入检修压板。

5）核对定值,确认量程。

6）保护通流时,严防 CT 二次回路开路。

7）保护加压时,严防 PT 二次回路短路。

第三章 故障检查和处理

3.1 常见故障现象和判断方法

常见故障现象和判断方法见表 3-1。

表 3-1 常见故障现象和判断方法

序号	故障现象	判断方法	故障原因分析	故障排除方法
1	电源自检出错	装置报警	电源卡件损坏	重新上电
2	定值自检出错	查看报文	定值存储异常	重新保存定值
3	任一相过流条件满足，但是保护未动作	装置未报警	外部开入量未接入	检查外部开入量节点可靠动作
4	保护测试仪报警	声响报警或弹出报警窗口	测试仪未连接成功或二次回路断开	检查测试仪连接线，检查二次回路接线是否正确
5	调试菜单无法操作	查看报文	检修压板未投入	投入检修压板
6	保护无开出节点信号	查看报文	出口跳闸矩阵设置错误	检查出口跳闸矩阵与选择功能的一致性

3.2 特殊故障原因分析和故障排除方法

特殊故障原因分析和故障排除方法见表 3-2。

表 3-2 特殊故障原因分析和故障排除方法

序号	故障现象	判断方法	故障原因分析	故障排除方法
1	同步串口通讯出错	查看报文	CPU 间的同步串口通讯中断或异常	断电重启
2	DSP 总数不正确	查看报文	实际运行 CPU 总数与设置的 CPU 总数不一致	将“CPU 总数”设置为实际运行 CPU 个数
3	定值自检出错	查看报文	定值存储异常	重新保存定值
4	通讯中断	装置报警	CPU 与管理机通讯中断	断电重启
5	TA 异常报警	装置报警	CT 二次回路断开	立即停止试验，重新检查连接电流回路测试线
6	TV 异常报警	装置报警	PT 二次回路短路	立即停止试验，重新检查连接电压回路测试线

第四章 操作结束

4.1 测试工作完成后现场恢复

测试完成后,工作人员恢复被测保护装置到试验前状态。检查电流二次回路连接片已可靠连接,检查接地点有且只有一个,并可靠连接。检查电压二次回路接线已可靠连接,检查接地点有且只有一个,并可靠连接。

根据保护定值单核对被测保护定值及其出口矩阵并打印保存。

4.2 培训过程总结

在了解保护配置及基本功能的基础上,进行发变组保护装置通流、加压等零漂试验。首先断开交直流电源,进行二次回路及保护装置绝缘检查,再进行保护装置菜单操作,功能压板操作。连接继保测试仪,进行零漂试验,查看报文记录数据。

在发电机保护装置零漂检查合格的基础上,进行发电机突加电压保护校验。

在变压器保护装置零漂检查合格的基础上,进行变压器差动保护校验。

其关键点为:深入了解保护逻辑功能,熟悉继电保护测试仪,保护操作界面,功能压板操作以及实操时的注意事项。

4.3 评判

学员对发变组保护校验过程进行阐述,并说明其中的关键点以及注意事项。教员对学员的陈述简要记录,根据阐述评判学员的掌握情况。其中校验工作的步骤需要完成阐述。教员指出学员阐述过程中的错误以及需要注意的事项,并且依据评判表,对学员的学习情况作出整体评判。

第五章　经验反馈

2012 年 109 大修 1 号主变送电复役后，发电机保护 B 柜内保护机箱面板上出现红灯报警，现场人员查阅新装置中自动生成的保护动作报文发现是由发电机定子接地保护动作发出报警信号。由于我厂用于发电机定子接地保护的基波零序电压 $3U_0$ 取自发电机中性点接地变压器二次零序电压，且基波零序电压保护低定值设定为 5 V，延时 6 s 只动作于发信，故根据发电机 B 柜定子接地保护逻辑及相关保护外部接线图分析认为此时接入保护机箱的基波零序电压采样值必定大于 5 V，现场人员用万用表实际测量到保护机箱的基波零序电压输入量端子电压为 8 V。

如图 5-1 所示，GSY057/1 和 GSY057/2 两根电缆芯线为发电机保护 B 柜内保护机箱提供发电机定子接地保护所需的基波零序电压。1 号主变送电后，由于 1GSY400TU 和发电机中性点送至机组故障录波器的两组电压共用了同一根电缆，而在 GSY057/1 号芯线上产生了感应电压，且此感应电压超过了基波零序电压保护低定值 5 V，故引起了发电机保护 B 柜内定子接地保护动作并发出报警信号。为了彻底避免保护用电压二次回路产生感应电压，则需从图 5-1 中 GSY002CR 端子箱内敷设一根长电缆送至机组录波器柜内。

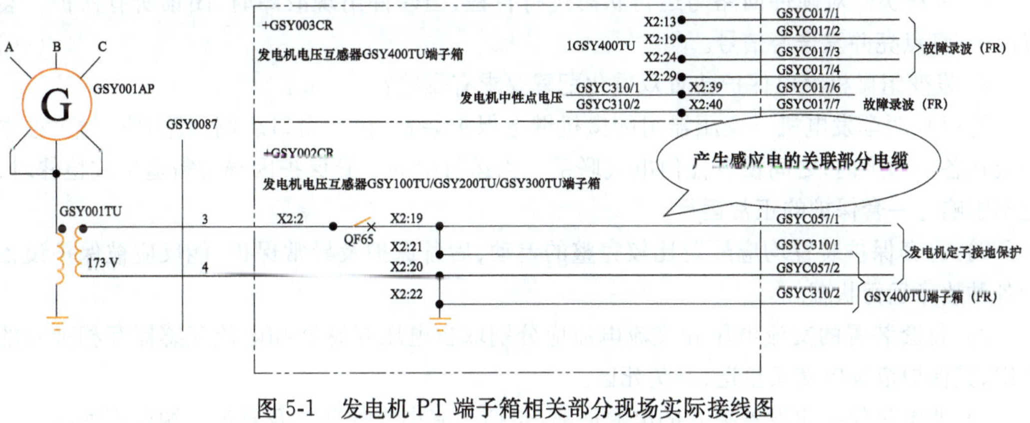

图 5-1　发电机 PT 端子箱相关部分现场实际接线图

第六章 习题

6.1 笔试题(40分)

1. "信号"灯与"跳闸"灯均为(   ),在保护返回后,只有按下"复归"键或在远方复归后才熄灭。(A)

A. 自保持　　B. 电保持　　C. 机械保持　　D. 不保持

2. 装置投入检修压板时,(   )被菜单功能激活,可以进行传动试验。(C)

A. 浏览　　B. 打印　　C. 调试　　D. 参数整定

3. 装置采用双CPU(   )出口方式,各保护动作元件只有在其对应的启动元件动作后才能跳闸出口。(B)

A. 或门　　B. 与门　　C. 与非门　　D. 或非门

4. WFB-800A系列微机发—变组保护装置各保护的跳闸方式用户可以自己整定,需修改保护二次回路接线,跳闸触点可直接接入断路器跳闸回路。(×)

5. 在浏览菜单下可查看保护装置的各种实时信息和各种历史报告。(√)

6. 装置实时对硬件回路与运行状态进行自检,当硬件出现故障时,闭锁所有保护,"装置故障"灯点亮并发告警信号。(√)

7. 发变组微机继电保护装置双重化配置要求有哪些?

答:1) 两套发电机—变压器组的微机继电保护装置(包括出口跳闸回路)应完整、独立安装在各自的屏内,之间没有任何电气联系。当运行中的一套保护因异常需退出或检修时,应不影响另一套保护的正常运行。

2) 每套保护装置均应配置比较完整的差动,后备保护及异常保护,能反应被保护设备的各种故障运行状态。

3) 每套装置的交流电压和交流电流应分别取自电压互感器和电流互感器互相独立的绕组,其保护范围应交叉重迭,避免死区。

4) 非电量保护应设置独立的电源回路(包括直流小空气开关及直流电源监视回路),出口跳闸回路应完全独立,在保护柜上的安装位置也应相对独立。

6.2 实操题(60分)

鉴定点:主变差动保护最小动作电流及动作时间测试

试题1:主变差动保护最小动作电流及动作时间测试

1. 准备要求

考场准备:

(1) 试题名称:主变差动保护最小动作电流及动作时间测试

(2) 本题分值:60

(3) 考核时间:30 min

(4) 考核形式:实操

(5) 设备设施准备

序号	名称	规格	单位	数量	备注
1	发电机保护装置	WFB-802A	套	1	
2	数字万用表	FLUKE	只	1	
3	兆欧表	FLUKE	只	1	

考生准备:

(1) 试题名称:主变差动保护最小动作电流及动作时间测试

(2) 本题分值:60

(3) 考核时间:30 min

(4) 考核形式:实操

(5) 工具及其他准备:无

2. 考核要求

(1) 本题分值:60

(2) 考核时间:30 min

(3) 考核形式:实操

(4) 具体考核要求:主变差动保护最小动作电流及动作时间测试方法正确

(5) 否定项说明:无

3. 配分与评分标准

序号	考核内容	考核要点	配分	评分标准	扣分	得分
1	试验前的准备	根据《工前会议记录表》进行考核	6	1. 未明确工作目的、工作对象、工作范围,扣 2 分; 2. 未对工作组成员进行工作分工,明确工作地点及作业范围,扣 2 分; 3. 未明确工作风险分析及预防性措施,扣 2 分; 4. 其他,扣 2 分。		
2	现场确认工作对象	两人确认核对设备标牌	4	1. 未确认工作对象,扣 2 分; 2. 未自检/互检,扣 2 分。		
3	保护装置上电自检	保护装置上电自检	6	验电(2 分);直流电源确认(2 分);装置自启动(2 分)。		
4	核对保护软件版本	软件版本号一致	4	版本号查询(4 分)		
5	核对保护定值	保护定值一致	4	差动保护定值逐一核对(4 分)		

续表

序号	考核内容	考核要点	配分	评分标准	扣分	得分
6	对保护装置的各侧分相校验差动保护的最小动作电流，单侧单相分别加入电流，由零逐步上升，检测使保护动作的最小动作电流，并记录	对保护装置的各侧分相校验差动保护的最小动作电流，单侧单相分别加入电流，由零逐步上升，检测使保护动作的最小动作电流，并记录	10	各侧平衡系数校验(4分) 最小动作电流校验记录(4分) 动作返回电流校验记录(2分)		
7	在检测继电器最小动作电流试验完毕后，施加单相电流为最小动作电流的2倍，用继电保护综合测试仪测量动作时间，并记录	时间小于30 ms	6	1. 进入调试界面(2分)； 2. 选择“按保护传动”(2分)； 3. 发出预令(2分)。		
8	测量出口接点动作情况	测量出口接点动作情况	6	1. 确认测量出口接点端子号(3分)； 2. 测量出口接点动作情况(3分)。		
9	保护动作报告查阅记录	保护动作报告查阅记录	4	1. 查阅(2分)； 2. 记录(2分)。		
10	正确使用防人因失误工具	正确使用防人因失误工具	10	1. 正确使用“遵守程序”工具(2分)； 2. 正确使用“明星自检”工具(2分)； 3. 正确使用“三向交流”工具(2分)； 4. 正确使用“操作监护”工具(2分)； 5. 正确使用“独立验证”工具(2分)。		

否定项:无

评分人:　　年　月　日　　　　　　核分人:　　年　月　日

第二部分　500 kV 线路保护维修

第一章　操作准备

1.1　原理描述

1.1.1　光纤分相电流差动保护

随着通信技术的发展和光缆的使用，光纤分相电流差动保护作为线路的主保护之一得到了越来越广泛的应用。光纤作为继电保护的通道介质，具有不怕电磁干扰、对电场绝缘、频带宽和衰耗低等优点。而电流差动保护具有原理简单，灵敏度高，不受系统振荡、线路串补电容、平行互感、系统非全相运行、单侧电源运行方式等影响，动作速度快，选择性好，能可靠地反映线路上各种类型故障等突出优点，并且分相电流差动保护具备天然的选相能力，可以准确区分区内、区外故障，具有其他纵联保护不可比拟的优势。

1.1.2　基本原理

光纤电流差动保护(图 1-1)借助于线路光纤通道，实时地向对侧传递采样数据，同时接收对侧的采样数据，各侧保护利用本侧和对侧电流数据按相进行差动电流计算。

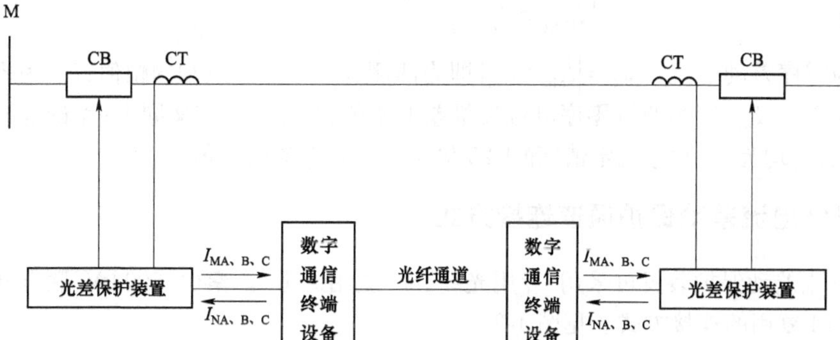

图 1-1　光纤电流差动保护构成示意图

保护采用了比例制动动作特性。当线路在正常运行或发生区外故障时，线路两侧电流相位是反向的，此时线路两侧的差电流远小于制动电流，保护不动作；当线路发生区内故障时，线路两侧电流的差电流不再为零，动作电流远大于制动电流，保护装置发出跳闸令快速将故障相切除。见图 1-2。

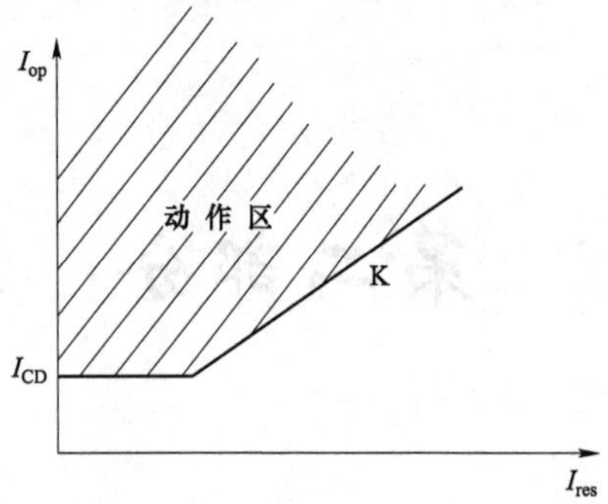

图 1-2 比例制动特性示意图

1.1.3 动作方程介绍

光纤分相电流差动继电器由四部分组成：变化量相差动继电器、稳态相差动继电器、零序差动继电器和差动联跳继电器。下面介绍稳态Ⅰ段和零序差动继电器动作特性。

(1) 稳态Ⅰ段相差动继电器

动作方程：

$$\begin{cases} I_{CD\varphi} > 0.6 \times I_{R\varphi} \\ I_{CD\varphi} > I_H \end{cases}, \varphi = A, B, C \tag{1-1}$$

$I_{CD\varphi}$ 为差动电流，$I_{CD\varphi} = \left|\dot{I}_{M\varphi} + \dot{I}_{N\varphi}\right|$ 即为两侧电流矢量和的幅值；$I_{R\varphi}$ 为制动电流，$I_{R\varphi} = \left|\dot{I}_{M\varphi} - \dot{I}_{N\varphi}\right|$ 即为两侧电流矢量差的幅值；I_H 为 1.5 倍差动电流定值(整定值)。

(2) 零序差动继电器

对电流差动保护来说，负荷电流是穿越性电流，只是制动电流，不产生动作电流；经高电阻接地，短路电流很小，因此动作电流很小。在重负荷情况下线路内部发生经高阻接地故障，制动电流很大，而动作电流不大，保护的灵敏度会不足，保护可能会拒动。

PCS-931GMM 保护采用由零序差动继电器，通过低比率制动系数的稳态差动元件选相，构成零序差动继电器，经 40 ms 延时动作。由于零序差动保护不反应负荷电流，所以负荷电流不产生制动电流，受过渡电阻的影响也较小，因此在重负荷线路上发生经高电阻短路时灵敏度较高。

动作方程：

$$\begin{cases} I_{CD0} > 0.75 \times I_{R0} \\ I_{CD0} > I_L \\ I_{CD\varphi} > 0.15 \times I_{R\varphi} \\ I_{CD\varphi} > I_L \end{cases}, \varphi = A, B, C \tag{1-2}$$

I_{CD0} 为零序差动电流，$I_{CD0} = \left|\dot{I}_{M0} + \dot{I}_{N0}\right|$ 即为两侧零序电流矢量和的幅值；I_{R0} 为零序制动电流，$I_{R0} = \left|\dot{I}_{M0} - \dot{I}_{N0}\right|$ 即为两侧零序电流矢量差的幅值；$I_{CD\varphi}$、$I_{R\varphi}$ 定义同上；无论电容电流补偿是否投入，I_L 均为“差动电流定值”和 1.25 倍实测电容电流的大值。

1.1.4 光纤电流差动保护通道连接方式

光纤电流差动保护装置可采用“专用光纤”或“复用通道”。秦山 500 kV 联合开关站采用双通道 2M 复用的连接方式。见图 1-3。

1.1.5 距离保护的概念

距离保护是利用短路时的电压、电流同时变化的特征，测量电压与电流的比值，反映故障点到保护安装处的距离而工作的保护。

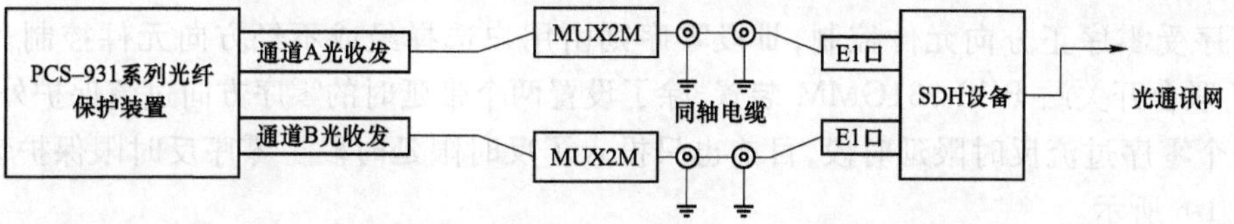

图 1-3　PCS-931 系列双通道 2 048 kbit/s 复用连接方式

按照继电保护选择性的要求，安装在线路两端的距离保护仅在线路 MN 内部故障时，保护装置才应该立即动作，将相应的断路器跳开，而在保护区的反方向或本线路之外正方向短路时，保护装置不应动作。为了防止暂态超越，保证在下级线路的出口处短路时保护不误动，在保护区的正方向上设定一个小于本线路全长的保护范围，用整定值 L_{set} 表示。当系统发生短路故障时，首先判断故障的方向，若故障位于保护区的正方向上，则设法测出故障点到保护安装处的距离 L_k，并将 L_k 和 L_{set} 相比较，若 L_k 小于 L_{set}，说明故障发生在保护范围之内，这时保护应立即动作，跳开对应的断路器；若 L_k 大于 L_{set}，说明故障发生在保护范围之外，这时保护不应动作，对应的断路器不应该跳开；若故障位于保护区的反方向上，则无需进行比较和测量，直接判为区外故障而不动作。通常情况下，距离保护是通过测量短路阻抗的方法来间接地测量和判断故障距离的。见图 1-4。

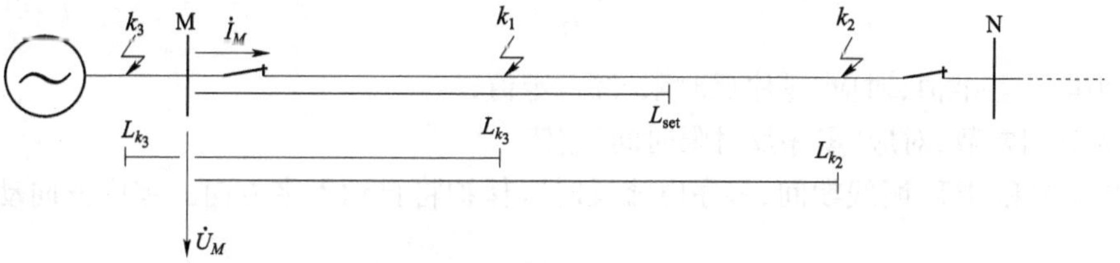

图 1-4　距离保护原理示意图

在距离保护中，我们用 Z_m 表示测量阻抗，它定义为保护安装处测量电压 $\dot{U}_m$ 与测量电流 $\dot{I}_m$ 之比，即 $Z_m \dfrac{\dot{U}_m}{\dot{I}_m}$。式中，$Z_m$ 为一个复数，在复平面上既可以用极坐标形式表示，也可以用直角坐标的形式来表示，即 $Z_m = |Z_m| \angle \varphi_m = R_m + jX_m$。

电力系统发生金属性短路时，$\dot{U}_m$ 降低，$\dot{I}_m$ 增大，Z_m 变为短路点与保护安装处之间的线路阻抗 Z_k。对于具有均匀参数的输电线路来说，如果忽略影响较小的分布电容和电导，要求 Z_k 与短路距离 L_k 成线性正比关系，即 $Z_m = Z_k = z_l L_k = (r_l + jx_l)L_k$。短路阻抗的阻抗角就等于输电线路的阻抗角，阻抗性质以电感性为主。当短路点分别位于图 1-4 中的 k_1、k_2 和 k_3 点时，对应的短路阻抗分别为图 1-5 中 Z_{k_1}、Z_{k_2} 和 Z_{k_3} 所示。依据测量阻抗 Z_m 在上述情况下幅值和相位的“差异”，保护就能够“区分”出系统是否出现故障、故障发生在区外还是区内。

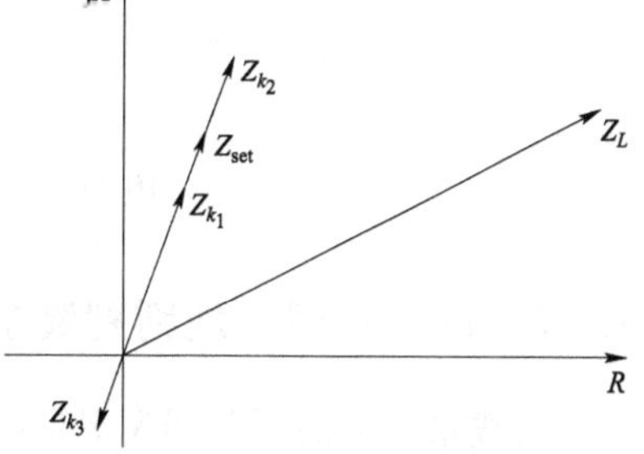

图 1-5　负荷阻抗与短路阻抗

1.1.6　零序方向过流保护

PCS-931GMM 设置了两个带延时的零序方向过流保护，不设置速跳的Ⅰ段零序过流。

Ⅱ段零序受零序正方向元件控制，Ⅲ段零序则由用户选择经或不经方向元件控制。秦山500 kV 联合开关站 PCS-931GMM 装置，除了设置两个带延时的零序方向过流保护外，还增加了一个零序过流反时限延时段，目前也只投入了反时限延时段。零序反时限保护动作逻辑如图 1-6 所示。

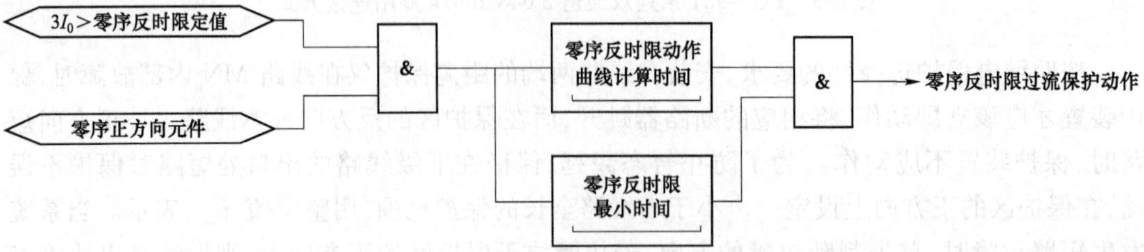

图 1-6　零序反时限过流保护逻辑图

根据国际电工委员会标准(IEC255-4)的规定，PCS-931GMM 装置采用标准反时限特性方程中的正常反时限特性方程(normal IDMT.)：

$$t(I_0)=\frac{0.14}{\left(\dfrac{I_0}{I_P}\right)^{0.02}-1}T_P \tag{1-3}$$

其中，I_P 为电流基准值，对应“零序反时限过流”定值；

T_P 为时间常数，对应“零序反时限时间”定值。

在非全相和 PT 断线期间，零序电流反时限保护将自动不带方向。零序方向动作区如图 1-7。

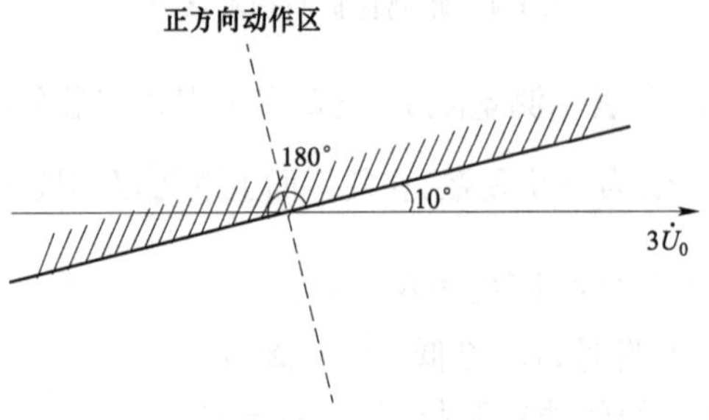

图 1-7　零序方向动作区(PCS-931GMM_HD)

1.1.7　远方跳闸就地判别装置

当线路对端的断路器失灵保护动作，通过远方保护系统发远跳信号，本端远跳保护收到远跳命令后，根据收信逻辑和相应的就地判据判断是否跳本端断路器，提高了远方跳闸保护的安全性同时也不降低保护的可靠性。

PCS-925G 收信工作逻辑固定采用“一取一”方式。如果通道故障，则自动闭锁该通道收信。当通道故障消失后延时 200 ms 开放通道收信。当通道持续收信超过 4 s，则认为该通道异常，发报警信号的同时闭锁通道收信，当通道收信消失后延时 200 ms 开放通道收信功能。

PCS-925G 的远方跳闸就地判据有电流变化量、零负序电流、零负序电压、低电流、低功率因素、低有功功率等,各个判据均可由整定方式字决定其是否投入。秦山 500 kV 联合开关站内远方跳闸就地判据均使用低有功功率判据。见图 1-8。

当三相任一相有功功率低于整定值时,经 40 ms 延时低有功功率动作。在 PT 断线的情况下将三相低有功功率元件全都闭锁。

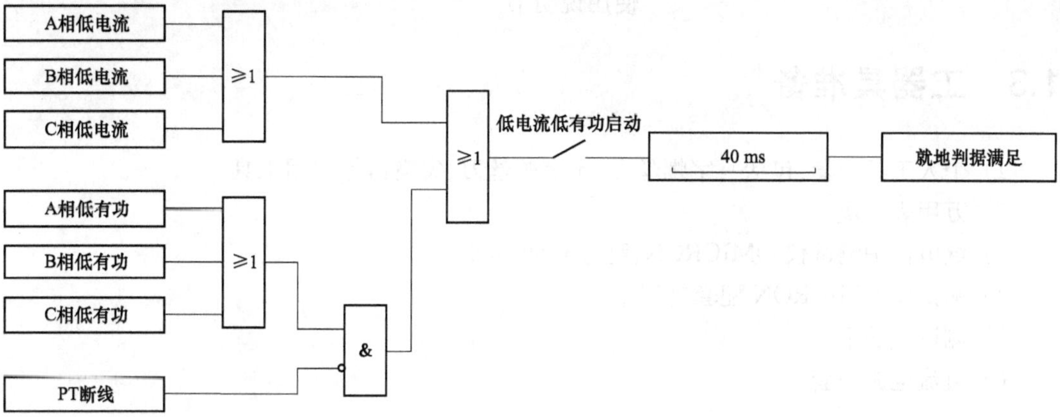

图 1-8 远方跳闸就地判据逻辑

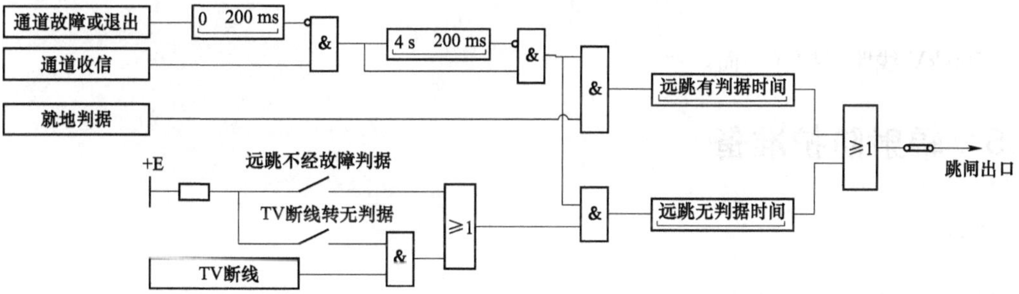

图 1-9 PCS-925G 远方跳闸逻辑

1.2 文件准备

1) 维修规程
2) 工作指令单
3) 质量安全计划
4) 风险分析
5) 工前会议记录表
6) 工后总结记录表
7) 二次工作安全措施卡
8) 整定单第 11/500-163 号　　秦乔 5413 线第一套分相电流差动
   整定单第 11/500-164 号　　秦乔 5413 线第一套远方跳闸就地判别装置
9) 图纸 B303601S-D0813　　秦乔 5413 线保护原理图

图纸 B303601S-D0823	秦乔 5413 线保护端子排图
图纸 T/ZJ1000543.01	秦乔 5413 线主保护 1 屏柜原理图
图纸 0GEW 101	500 kV 开关站设备命名图
10）无编码	PCS-931GM(M)超高压线路成套保护装置技术和使用说明书;PCS-925G 过电压保护及故障启动装置技术和使用说明书

1.3 工器具准备

1）个人工具一套:包括一字螺丝刀、十字螺丝刀、尖嘴钳等常用工具
2）万用表一块
3）继电保护测试仪 OMICRON,型号 CMC356
4）测试仪 OMICRON 配套笔记本
5）测试线若干
6）直流电源一套

1.4 模拟体准备

500 kV 线路保护屏一面。

1.5 辐射防护准备

无。

1.6 工业安全准备

个人防护用品:电气绝缘鞋、工作服、安全帽等。

1.7 配合人员准备

无。

1.8 场地准备

1）测试平台,用于摆放测试仪和笔记本
2）220 V 交流电源和 3 个以上三孔插座的插排
3）绝缘垫

第二章　操作实施

2.1　分相电流差动定值检查

分相电流差动定值检查操作见表 2-1。

表 2-1　分相电流差动定值检查

序号	操作步骤	操作要求	工器具	测评标准	备注
1	装置自环	1. 用尾纤短接通信插件接受“RX”和发送“TX”； 2. 修改“本侧识别码”和“对侧识别码”为一致； 3. 使开关位置为合闸状态。	尾纤	1. 按照操作要求完成； 2. 做好二次措施卡的记录。	
2	纵联差动保护投入	1. 确认“纵联差动保护”控制字置“1”； 2. 投入差动保护硬压板。	—	按照操作要求完成。	
3	差动 I 段定值校验	1. 测试界面设置：I=0.95×0.5×(I_{max1})，I_{max1} 为“1.5 倍差动电流定值”，装置应可靠不动作； 2. 测试界面设置：I=1.05×0.5×(I_{max1})，I_{max1} 为“1.5 倍差动电流定值”，装置应可靠动作。	继保测试仪 笔记本 测试线	按照操作要求完成。	
4	差动 I 段时间定值校验	1. 用测试线将出口接点引到测试仪的数字量输入口； 2. 测试界面设置：I=1.5×0.5×(I_{max1})，I_{max1} 为“1.5 倍差动电流定值”，测试动作时间。	继保测试仪 笔记本 测试线	按照操作要求完成。	
5	差动 I 段测试结束	1. 停止测试仪输出； 2. 将记录数据与标准对比。	—	按操作要求完成。	

2.2　零序电流差动定值检查

零序电流差动定值检查操作见表 2-2。

表 2-2 零序电流差动定值检查

序号	操作步骤	操作要求	工器具	测评标准	备注
1	装置自环	1. 用尾纤短接通信插件接受"RX"和发送"TX"; 2. 修改"本侧识别码"和"对侧识别码"为一致; 3. 使开关位置为合闸状态。	尾纤	1. 按照操作要求完成; 2. 做好二次措施卡的记录。	
2	纵联差动保护投入	1. 确认"纵联差动保护"控制字置"1"; 2. 投入差动保护硬压板。	—	按照操作要求完成。	
3	零序电流差动定值校验	1. 测试仪使用状态序列项目; 2. 设置状态 1:三相额定电压,0.2 A 容性电流,状态时间 15 s; 3. 设置状态 2:电压不加值,非故障相电流为 0,故障相电流 I 为:I=0.5×0.95×0.5 A=0.237 5 A,零差可靠不动作。 4. 设置状态 2:电压不加值,非故障相电流为 0,故障相电流 I 为:I=0.5×1.05×0.5 A=0.262 5 A,零差可靠动作。	继保测试仪 笔记本 测试线	按操作要求完成。	
4	零序电流差动时间定值校验	1. 用测试线将出口接点引到测试仪的数字量输入口; 2. 设置状态 1:三相额定电压,0.2 A 容性电流,状态时间 15 s; 3. 设置状态 2:电压不加值,非故障相电流为 0,故障相电流 I 为:I=0.5×1.2×0.5 A=0.3 A,测试动作时间。	继保测试仪 笔记本 测试线	按照操作要求完成。	
5	零序电流差动测试结束	1. 停止测试仪输出; 2. 将记录数据与标准对比。	—	按操作要求完成。	

2.3 距离保护定值检查

距离保护定值检查操作见表 2-3。

表 2-3 距离保护定值检查

序号	操作步骤	操作要求	工器具	测评标准	备注
1	投入距离保护	1. 保护控制字中"投距离保护 I 段"置 1; 2. 投入距离保护压板。	—	按操作要求完成。	
2	模拟相间故障	1. 使用状态测试,状态 1:三相额定电压,持续时间 10 s,等 PT 断线告警消失; 2. 状态 2:故障相加额定电流,故障电压 $U=0.95\times I\times Z_{zd1\Phi\Phi}$($Z_{zd1\Phi\Phi}$为相间距离 I 段阻抗定值),距离保护 I 段动作;	继保测试仪 笔记本 测试线	按操作要求完成。	

续表

序号	操作步骤	操作要求	工器具	测评标准	备注
2	模拟相间故障	3. 状态 2：故障相加额定电流，故障电压 $U=1.05\times I\times Z_{zd1\Phi\Phi}$（$Z_{zd1\Phi\Phi}$ 为相间距离Ⅰ段阻抗定值），距离保护Ⅰ段不动作； 4. 状态 2：故障相加额定电流，故障电压 $U=0.8\times I\times Z_{zd1\Phi\Phi}$（$Z_{zd1\Phi\Phi}$ 为相间距离Ⅰ段阻抗定值），测试动作时间； 5. 校验距离Ⅱ、Ⅲ段操作与上述一致。	继保测试仪 笔记本 测试线	按操作要求完成。	
3	模拟单相故障	1. 使用状态测试，状态 1：三相额定电压，持续时间 10 s，等 PT 断线告警消失； 2. 状态 2：故障相加额定电流，故障电压 $U=0.95\times(1+K)I\times Z_{zd1\Phi}$（$Z_{zd1\Phi}$ 为接地距离Ⅰ段阻抗定值，K 为零序补偿系数），距离保护Ⅰ段动作； 3. 状态 2：故障相加额定电流，故障电压 $U=1.05\times(1+K)I\times Z_{zd1\Phi}$（$Z_{zd1\Phi}$ 为接地距离Ⅰ段阻抗定值，K 为零序补偿系数），距离保护Ⅰ段不动作； 4. 状态 2：故障相加额定电流，故障电压 $U=0.8\times(1+K)I\times Z_{zd1\Phi}$（$Z_{zd1\Phi}$ 为接地距离Ⅰ段阻抗定值，K 为零序补偿系数），测试动作时间； 5. 校验距离Ⅱ、Ⅲ段操作与上述一致。	继保测试仪 笔记本 测试线	按操作要求完成。	
4	模拟反方向故障	1. 使用状态序列测试，状态 1：三相额定电压，持续时间 10 s，等 PT 断线告警消失； 2. 加故障电流 $4I_n$，故障电压 0 V，分别模拟单相接地、两相和三相反方向故障，距离保护不动作。	继保测试仪 笔记本 测试线	按操作要求完成。	
5	距离保护测试结束	1. 停止测试仪输出； 2. 将记录数据与标准对比。	—	按操作要求完成。	

2.4　零序方向过流保护定值检查

零序方向过流保护定值检查操作见表 2-4。

表 2-4　零序方向过流保护定值检查

序号	操作步骤	操作要求	工器具	测评标准	备注
1	保护投入	1. 保护控制字中“零序电流保护”为“0”，“零序反时限”为“1”； 2. 仅投入零序保护压板。	—	按操作要求完成。	

续表

序号	操作步骤	操作要求	工器具	测评标准	备注
2	零序反时限过流保护时间定值测试	1. 加故障电压 30 V； 2. 故障电流 $m \times I_{0FZD}$(其中 I_{0FZD} 为零序反时限电流定值)； 3. 测试动作时间,与时间曲线对比分析。	继保测试仪 笔记本 测试线	按操作要求完成。	
3	零序反时限过流保护动作区校验	1. 加故障电压 30 V； 2. 故障电流 $5 \times I_{0FZD}$(其中 I_{0FZD} 为零序反时限电流定值)； 3. 测试动作角。	继保测试仪 笔记本 测试线	按操作要求完成。	
4	零序反时限过流保护测试结束	1. 停止测试仪输出； 2. 将记录数据与标准对比。	—	按操作要求完成。	

2.5 远方跳闸就地判据定值及跳闸逻辑检查

远方跳闸就地判据定值及跳闸逻辑检查见表 2-5。

表 2-5 远方跳闸就地判据定值及跳闸逻辑检查

序号	操作步骤	操作要求	工器具	测评标准	备注
1	保护投入	1. 保护定值控制字“低有功功率投入”置“1”； 2. 9QK1 旋钮开关置“远跳投入”。	—	按操作要求完成。	
2	模拟远方收信	将远跳收信接入信号使用测试线连接至测试仪节点输入端口。	继保测试仪 笔记本 测试线	按操作要求完成。	
3	模拟就地判据满足	1. 使用状态序列测试,状态 1:加额定电压 57.73 V,电流为 0.5 A,状态时长 15 s,以等待 PT 断线报警消失； 2. 模拟单相低功率,其余相正常,测试仪同时开入接点,模拟远跳收信开入； 3. 测试动作时间。	继保测试仪 笔记本 测试线	按操作要求完成。	
4	测试结束	1. 停止测试仪输出； 2. 将记录数据与标准对比。	—	按操作要求完成。	

2.6 实施中需要特别注意的几个关键点

1）保护校验前,注意保护功能压板的投入。若保护功能硬压板未投,即使保护控制字已投入,且电气量已到达保护动作定值,保护也不会出口,保护校验失败。

2）分相电流差动定值的校验，首先注意保护装置的自环模式投入，其次断路器的跳闸位置开入信号要解除，否则保护不会动作。模拟故障电气量时，因处于自环模式，所加电流量装置计算时会处理为2倍，比如测试仪加入电流 0.5 A，自环导致装置接受到“对侧”的电流也为 0.5 A，那么装置的差流计算值为 1 A。

3）零序电流差动保护校验，为了使零序差动动作而稳态 I 段不动作，加入容性电流，利用其动作方程，所加入的电容电流需大于 0.168 A。零序电流差动保护通过动作时间六十几毫秒可以判断其动作。

4）接地距离保护校验，其中接地距离三段不需要零序电流补偿。

第三章　故障检查和处理

3.1　常见故障现象和判断方法检查和处理

常见故障现象和判断方法检查和处理见表 3-1。

表 3-1　常见故障现象和判断方法检查和处理

序号	故障现象	判断方法	故障原因分析	故障排除方法
1	报文“GPS 对时出错”	复位处理后，仍然出现	GPS 机柜故障	联系通讯专业处理
2	报警“保护异常/闭锁”，面板通道故障灯亮	报文检查是否有记录，复归处理报警不消失	通信通道故障	检查通道是否完好
3	报警“保护异常/闭锁”，面板显示“DSP 出错”	复位处理后，仍然出现	保护插件、起动插件不正常	建议联系厂家处理

3.2　常见故障原因分析和故障排除方法

暂无。

3.3　特殊故障现象和判断方法

暂无。

3.4　特殊故障原因分析和故障排除方法

暂无。

第四章 操作结束

4.1 总结回顾培训过程以及关键点

其关键点为:保护校验前,注意保护功能压板的投入。若保护功能硬压板未投,即使保护控制字已投入,且电气量已到达保护动作定值,保护也不会出口,保护校验失败。

4.2 针对学员技能培训进行点评

学员对线路保护校验过程进行阐述,并说明其中的关键点以及注意事项。教员指出学员阐述过程中的错误以及需要注意的事项,对学员的学习情况做出整体评判。

4.3 召开技能培训操作工后会

通过工后会,分享本次操作中得到的经验教训,并对出现的问题进行反馈和跟踪,针对实际操作过程中遇到的问题进行逐一讨论,并做好经验反馈。

第五章　经验反馈

5.1　保护联调试验时，四方 CSC-103A 保护装置动作行为不正确

四方 CSC-103A 保护装置进行模拟弱馈功能的联调试验，发现保护动作行为不正确。方法步骤和结果如表 5-1。

表 5-1　四方 CSC-103A 保护装置动作

两侧加量情况	本侧差动动作情况	对侧差动动作情况
本侧加正常电压及故障电流，对侧不加量	不动作	不动作
对侧加正常电压及故障电流，本侧不加量	不动作	不动作

原因分析：根据试验项目及原理，判断一侧不加量时“低电压”元件未动作。咨询四方厂家技术人员得知，PT 断线告警会闭锁“低电压”启动元件，与 PCS-931GMM 保护装置存在差异。所以 CSC-103A 装置“低电压”启动元件动作，需满足 $30\ V < U_{\varphi} < 70\% U_N$。

5.2　保护启动调试前，就地判别装置有 PT 断线告警

第三串保护启动调试前，保护均恢复至正常运行状态，线路未充电。PCS-925G、CSC-125A 就地判别装置均报 PT 断线告警，而主保护装置都没有报警。

原因分析：PCS-925G 就地判别装置 PT 断线的判据：1) $\dot{U}_a + \dot{U}_b + \dot{U}_c > 12\ V$；2) 正序电压小于 33 V时，任一相有电流（$>0.06\ I_n$）或 TWJ 不动作，延时报 PT 断线。本次改造的就地判别装置均未投“过电压”保护，故设计没有将断路器 TWJ 信号接入就地判别装置。在启动调试开始前，线路无电压，且 TWJ 开入为 0，满足 PT 断线判据，发告警，如图 5-1。而 PCS-931GMM 接入了断路器 TWJ 信号，无此问题。对于四方就地判别装置分析同上。

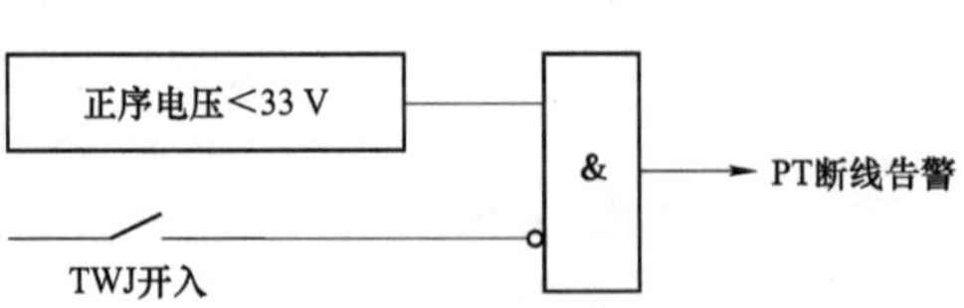

图 5-1　PT 断线告警逻辑示意图

5.3　四方 CSC-103A 保护装置报“差动压板不一致”报警

现象：在四方 CSC-103A 保护装置单体调试期间，发现装置有“差动压板不一致”的报警，调试人员尝试将“差动保护投入”压板退出，报警消失，“差动投入”压板投上，报警又出现。

原因分析：根据报警的内容，一开始认为是“差动保护投入”的硬压板和软压板不一致导致，检查“差动保护投入”软压板是投入的。查阅技术说明书并向厂家技术人员咨询，CSC-103A 保护装置的“差动压板不一致”是本侧和对侧的保护压板投入不一致报警。与对侧调试人员联系，确认对侧确实是短暂退出了“差动保护投入”压板。

第六章　习　题

6.1 填空题

1. 秦山 500 kV 联合开关站线路保护以__________和__________为主体的快速主保护。

答：分相电流差动;零序电流差动

2. 分相电流差保护采用了__________动作特性。

答：比例制动

3. 绝缘测量前,需对回路进行__________,绝缘测量结束后,需进行__________。

答：验电;放电

4. 模拟量输入通道测试即所谓的采样测试时,对 PT 二次回路加压时,断开端子排连片的做法的目的是____。

答:确保 PT 二次回路断开,防止二次加压反送至 PT 本体一次侧形成高压,对一次工作人员造成伤害

5. 分相电流差动定值检查时,保护装置首先需进行__________操作,包括__________、__________。

答：自环;尾纤自环;修改识别码

6. 差动定值的校验时因为装置自环,所以输入的电流值是计算值的__________倍。

答：0.5

7. 距离保护定值校验,需测试__________倍定值下保护动作,__________倍定值下保护不动作。

答：0.95;1.05

8. 距离保护定值校验,使用了继保测试仪的状态序列模块,设置 10 s时间的正常电压量的状态 1,目的是等__________告警消失,因为其会闭锁距离保护。

答：PT 断线

9. PCS-931GMM_HD 零序方向动作区为$-3\hat{U}_0 I_0$=__________。

答：$-10°\sim170°$

10. 远方跳闸逻辑测试时,模拟的远方跳闸信号持续__________秒,会闭锁跳闸出口。

答：4

6.2 实操题

鉴定点:二厂培训楼 108 室

试题 1:根据定值单,使用继电保护测试仪校验线路距离保护相间距离Ⅰ段定值

1. 准备要求

考场准备:

(1) 试题名称:根据定值单,使用继电保护测试仪校验线路距离保护相间距离Ⅰ段定值,完成维修规程 M/ME/0/GEW/XAR/010 相应的表格内容

(2) 本题分值:20

(3) 考核时间:20 min

(4) 考核形式:实操

(5) 设备设施准备

序号	名称	规格	单位	数量	备注
1	线路主保护装置屏	2 260 mm×800 mm×600 mm	屏	1	保护装置确保可用,直流 110 V 电源给其供电正常,屏柜旁需提供 220 V 交流电源插排
2	继电保护测试仪	CMC356	套	1	测试仪进过校验,在检验合格期范围内
3	笔记本	—	台	1	笔记本需装有和继保测试仪配套的测试软件
4	个人工具包	—	套	1	工具包内需配有万用表一块,3.5×100 绝缘一字螺丝刀一把,尖嘴钳一把,斜口钳一把,4×150 一字螺丝刀一把,2×125 十字螺丝刀等
5	测试线	—	套	2	一套测试线包括四根黄、绿、红、黑颜色 3 m 长的绝缘测试导线
6	直流操作电源	DC 110 V	套	1	该直流电源在二厂培训楼 108 室无法给保护装置提供 110 V 直流电源提供
7	移动测试平台	1.5 m×0.5 m×1 m	张	1	无法提供专业的移动测试平台时,可用一张桌子代替,规格没有严格限制,但长必须 0.5 m 以上,宽 0.4 m 以上

考生准备:

(1) 试题名称:根据定值单和维修规程,使用继电保护测试仪校验线路距离保护相间距离Ⅰ段定值

(2) 本题分值:20

(3) 考核时间:20 min

(4) 考核形式:实操

(5) 工具及其他准备:做好个人安全防护

2. 考核要求

(1) 本题分值:20

(2) 考核时间:20 min

(3) 考核形式:实操

(4) 具体考核要求:正确操作继电保护测试仪,操作步骤正确,正确校验线路距离保护相间距离Ⅰ段定值,完成维修规程相应的表格

(5) 否定项说明:无

3. 配分与评分标准

序号	考核内容	考核要点	配分	评分标准	扣分	得分
1	测试仪及测试线的准备	正确开启测试仪,与测试软件连接,并打开到测试界面,测试线连接正确,按照黄、绿、红、黑对应 A、B、C、N 相。(4 分钟)	4	1. 测试线颜色对应错误扣 5 分。 2. 无法正确连接测试仪与电脑扣 1 分。 3. 测试软件没有打开到测试界面扣 1 分。 4. 测试线连接测试仪,没有正确对应电压、电流,扣 5 分。 5. 每超过 1 分钟扣 0.5 分,扣完为止		
2	保护投入	正确修改保护控制字,投入压板。(1 分钟)	2	1. 没有修改确认保护控制字扣 1 分。 2. 没有正确投入距离保护压板扣 1 分。 3. 每超过 1 分钟扣 0.5 分,扣完为止		
3	测试参数计算	根据定值,计算出测试内容需要的电气量。(5 分钟)	5	1. 未按规程内容计算相应的电气量值扣 5 分。 2. 每超过 1 分钟扣 0.5 分,扣完为止		
4	测试	根据计算出的故障电气量,输入到测试界面,并测试保护动作情况。(8 分钟)	5	1. 未模拟非故障初始状态,导致保护合于故障跳闸扣 1 分。 2. 未按定值设置灵敏角扣 2 分。 3. 未按规程规定内容完成测试项目扣 2 分。 4. 每超过 1 分钟扣 0.5 分,扣完为止		
5	数据检查	正确记录测试数据,并检查数据是否合格。(2 分钟)	4	1. 未检查数据是否合格扣 4 分。 2. 每超过 1 分钟扣 0.5 分,扣完为止		
合计			20			

否定项:无。

评分人: 年 月 日 核分人: 年 月 日

第三部分　中压断路器、中压接触器保护装置及控制回路检查、校验维修

第一章　操作准备

1.1　原理描述

1.1.1　继电保护基础

(1) 电力系统运行状态

电力系统运行状态分为正常状态、不正常状态和故障状态。

正常状态:等约束和不等约束条件都满足,电力系统在规定的限度内可以长期安全稳定运行。

不正常状态:正常运行条件受到破坏,但还未发生故障。等约束条件满足,部分不等约束条件不满足。

1) 负荷潮流越限致使电流升高(过负荷);

2) 发电机突然甩负荷引起发电机频率升高;

3) 系统出现有功功率缺额引起的频率降低;

4) 中性点不接地系统单相接地引起的非接地相电压升高;

5) 电力系统发生振荡。

故障状态:一次设备运行中由于外力、绝缘老化、过电压、误操作等原因发生短路、断线。

各种类型的短路是最常见也是最危险的故障状态。常见的短路类型有三相短路、两相短路、单相接地、两相短路接地、一相断线、两相断线等。

短路的危害:

1) 短路电流大,燃弧,易使元件损坏;

2) 电压降低,用户正常的生产、生活受到影响;

3）破坏系统稳定性，引起系统振荡，甚至系统崩溃。

事故：系统或其中一部分的正常工作遭到破坏，造成对用户少送电或电能质量变坏到不能允许的程度，甚至造成人身伤亡和电气设备的损坏。

(2) 电力系统继电保护的基本任务

1）自动、迅速、有选择性地将故障元件从电力系统中切除，使故障元件免于继续遭到损坏，保证其他无故障部分迅速恢复正常运行。

2）反映电气元件的不正常运行状态，根据运行维护的具体条件（例如有无经常值班人员）和设备的承受能力，发出警报信号、减负荷或延时跳闸。

(3) 继电保护的基本原理及其组成

为了完成继电保护的基本任务，必须正确区分正常运行、不正常运行和故障状态，寻找这三种运行状态下的可测参量（电气量和非电气量）的“差异”。一般而言，故障时，电源侧感受到线路的电流大幅度变大，电压略有降低，感受到的阻抗明显减小。根据可测参量的不同差异，可以构成不同原理的继电保护，如：

反应电流增大的信息量保护：过电流保护；

反应电压降低的信息量保护：低电压保护；

反应阻抗减小的信息量保护：距离（阻抗）保护；

反应电流大小和相位的差别：纵联差动保护（高频、微波、光纤）；

反省对称分析的保护：零序或负序分量保护；

非电气量保护：瓦斯保护、温度保护、油位保护等；

保护装置的构成：测量部分、逻辑部分、执行部分，见图 1-1。

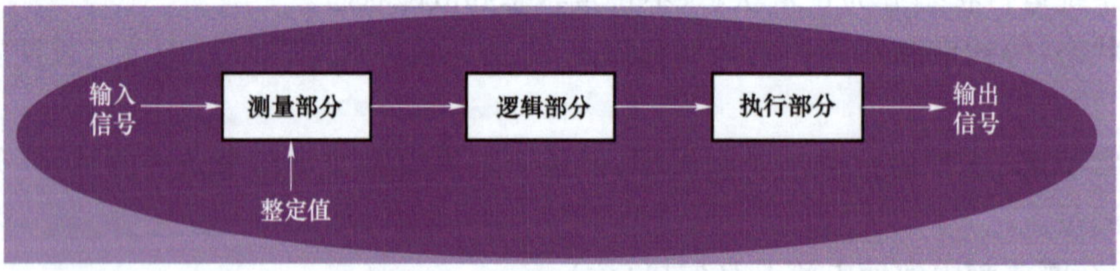

图 1-1 保护装置的构成

测量部分：测量有关电气量，与整定值比较，给出“是”“非”“大于”“不大于”“等于”“0”“1”性质的一组逻辑信号，判断保护是否应该启动。

逻辑部分：根据测量部分输出逻辑信号的性质、先后顺序、持续时间等，判定故障类型和范围，确定是否应该使断路器跳闸或发出报警信号，并将有关命令传达给执行部分。

执行部分：根据逻辑部分的结果，立即或延时发出报警信号和跳闸信号（故障、不正常运行时）。

(4) 继电保护基本要求

对继电保护的基本要求：选择性、速动性、灵敏性、可靠性。

1）可靠性：不拒动、不误动。这需要根据电力系统和负荷的具体情况，对这两方面的性能要求适当地予以协调；一般而言，备用充足、各元件联系紧密的情况下，应强调不拒动；反之,则应强调不误动对于传送大功率的输电线路保护,一般宜于强调不误动;而对于其他线路保护,则往往强调不拒动。

2）选择性:保护装置动作时,仅将故障元件从电力系统中切除,使停电范围尽量缩小。

3）可靠性:指保护装置以可能最短的时限将故障或异常工况自电网中切除或消除。

4）灵敏性:任何运行方式下,被保护设备范围内发生故障,不论短路点的位置、类型、是否有过渡电阻,都能动作于跳闸或发出信号。

四者之间既相互联系又相互矛盾:为保证选择性,有时要求保护动作带延时(降低了速动性要求);为保证速动性,有时允许保护非选择性动作,再由自动重合闸装置来纠正;为保证速动性和选择性,有时采用较复杂的保护装置(即降低了可靠性)。因此,须从电力系统的实际情况出发,分清主次,求得最优情况下的统一。

1.1.2　通用过电流保护原理简述

反应保护安装处电流变化的保护,一般分为瞬时速断过流保护、短延时过流保护以及长延时过流保护(过负荷保护)三段。其中,第一段保护本线路全长的 60%以上,第二段保护本线路全长并适当向下一级线路延伸,第三段保护应能作为供电末端的后备保护。

早期的保护装置一般采用继电器搭建的方式,首先将一次大电流通过互感器转换成小电流,然后接入电流继电器,一旦达到电流继电器的动作定值,继电器动作并触发一系列继电器的动作,最终将相应断路器跳闸以达到保护的目的。

早期过电流保护原理简图如图 1-2 所示。

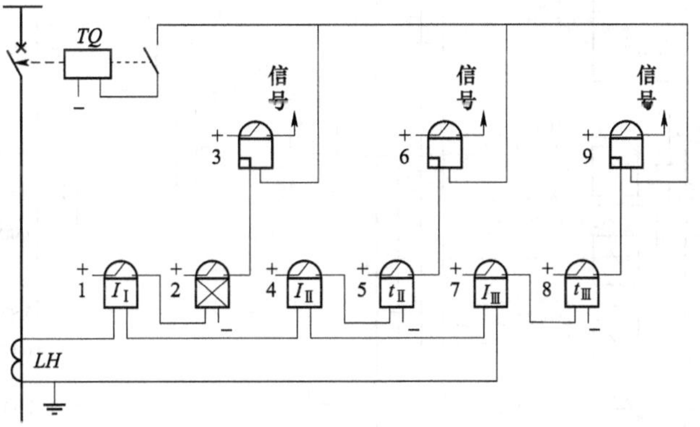

图 1-2　三段式过电流保护原理图

随着电子技术的发展,继电器搭建式的保护逐渐退出了舞台,现在广泛采用微机或者单片机组成的智能一体式保护设备,秦山第二核电厂广泛采用了 ABB 公司 SPACOM 系列的保护继电器。以过流保护为例,其原理图如图 1-3 所示。

对于电动机保护装置,其保护模块较多,但也都是基于电流变化原理(图 1-4)而衍生出来的保护,如热过负荷,启动监视等。

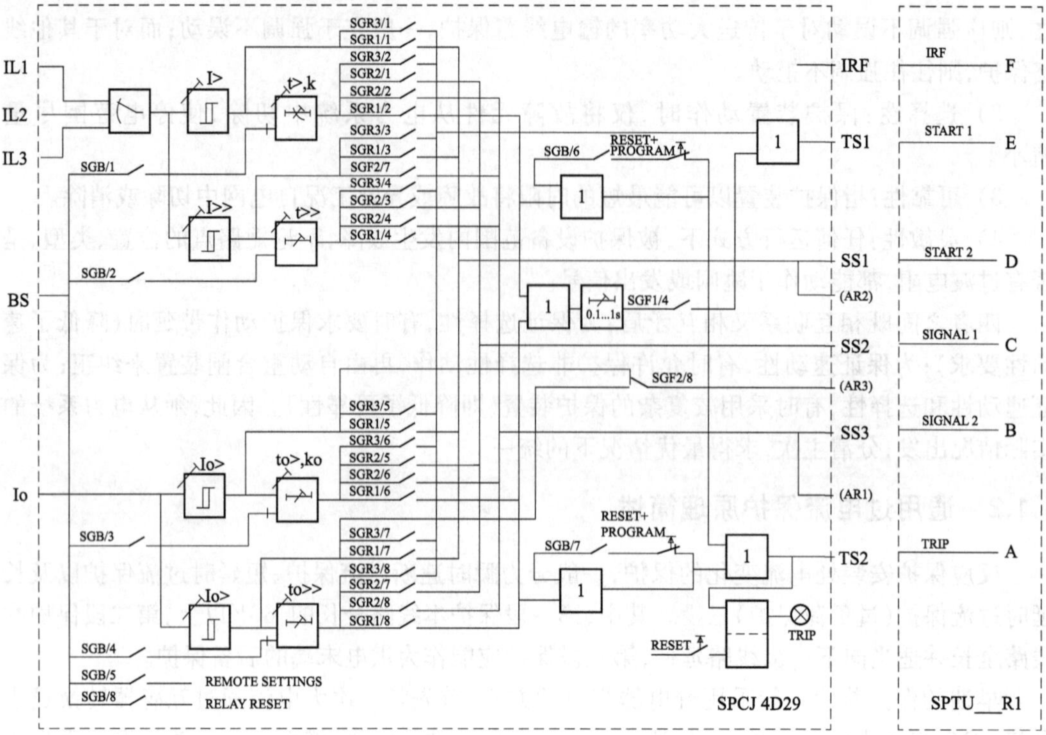

图 1-3 SPCJ4D29 过流保护原理图

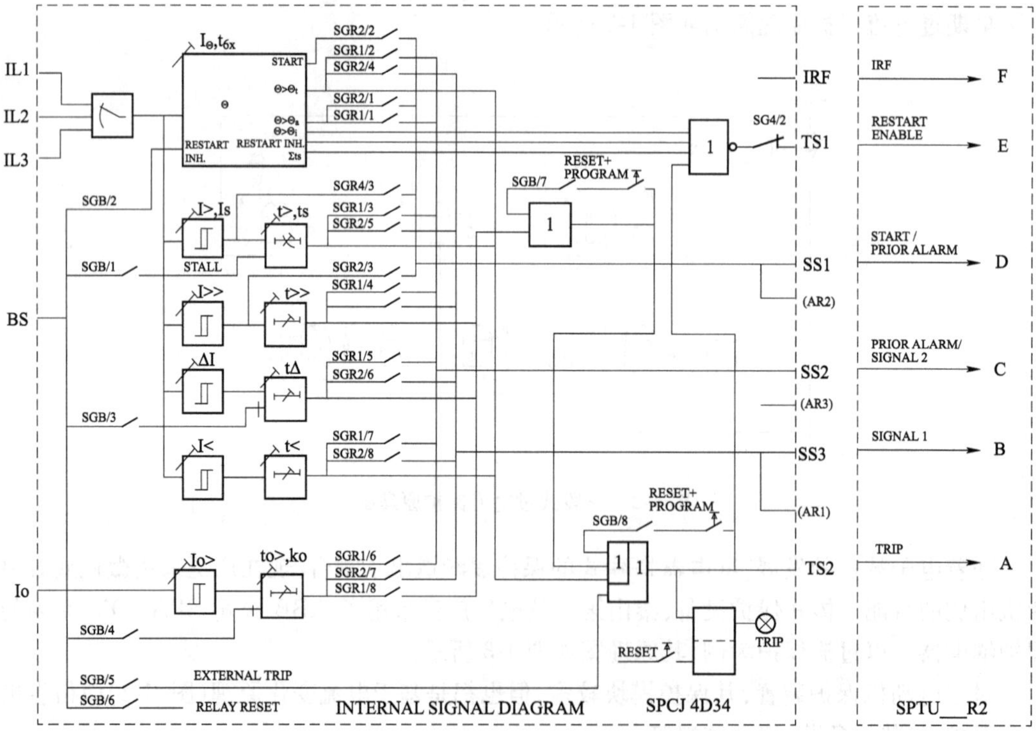

图 1-4 SPCJ3D43 电流保护原理图

1.1.3　通用差动保护原理简述

差动保护是输入的两端CT电流矢量差，当达到设定的动作值时启动动作元件。保护范围在输入的两端CT之间的设备(可以是线路、发电机、电动机、变压器等电气设备)电流差动保护是继电保护中的一种保护。差动保护是根据“电路中流入节点电流的总和等于零”原理(基尔霍夫电流定理)制成的。

差动保护把被保护的电气设备看成是一个节点，那么正常时流进被保护设备的电流和流出的电流相等，差动电流等于零。当设备出现故障时，流进被保护设备的电流和流出的电流不相等，差动电流大于零。当差动电流大于差动保护装置的整定值时，上位机报警保护出口动作，将被保护设备的各侧断路器跳开，使故障设备断开电源。

差动保护原理简单、使用电气量单纯、保护范围明确、动作不需延时，一直用于变压器、线路、电动机等设备做主保护。另外还有线路差动保护、母线差动保护等。

如图 1-5 所示，正常运行或者区外故障时，流过保护装置的电流几乎为零(不平衡电流，因 CT 误差等原因造成)。如果是被保护区域发生故障，则保护装置上会流过很大的电流。这便是差动保护的基本原理。由于两侧CT特性的差异，在负荷电流很大或者外部故障时穿越电流通过时，流过保护装置的不平衡电流也会增大，因此差动保护一般会采用比率制动式原理，即动作电流会随着制动电流的增大而增大，以躲过外部故障时穿越电流对其造成的影响。此外，差动保护应用于变压器时，还要考虑励磁涌流对其造成的影响，一般采用二次谐波制动、五次谐波制动、间断角制动等。在变压器内部严重故障时，还设有差动速断，以补充在内部故障时差动保护被闭锁的工况。

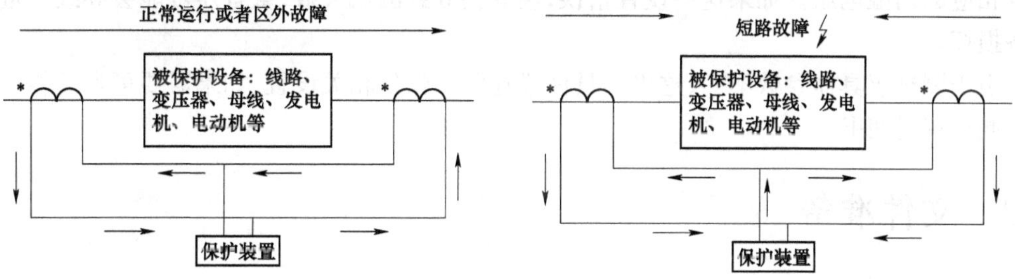

图 1-5　差动保护原理图

二厂中压系统差动保护采用的装置是 ABB 公司 SPAD346C 综合保护装置。其动作曲线如图 1-6 所示。

其中，曲线上方是动作区，下方是制动区，差动电流定义为两侧电流矢量差，制动电流定义为两侧电流矢量和的一半。

1.1.4　通用测试仪高级设置

早期继保校验工作采用“地摊式”校验，即使用调压器、变阻器各种表计等设备组成，占地面积非常大，接线复杂，操作极为不便。伴随着科技的发展，多功能继保测试仪的问世大大减轻了继保校验人员的工作压力。仅仅使用一台仪器便可完成多种保护的全面校验，非常便捷。

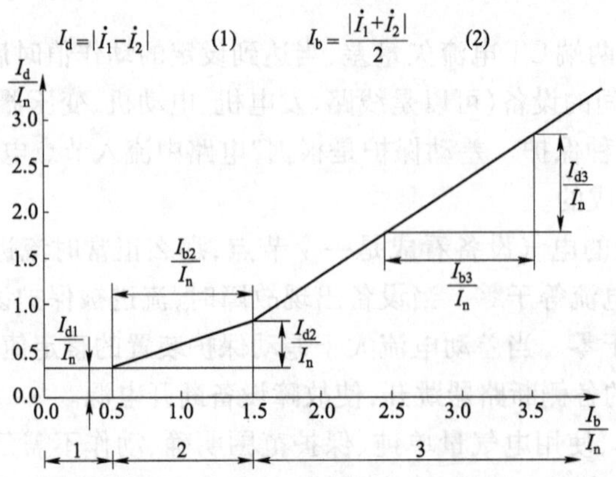

图 1-6 差动保护动作曲线

在中核运行秦二厂也广泛采用了多功能继保测试仪实现保护装置的校验。在中压系统，继保测试仪主要用于控制回路的检查，保护装置的全面校验等。为此，能够熟练地使用测试仪也是继保从业人员的必备技能之一。

继保测试仪主要分为四个接口：电源输入、测试输出（电流、电压输出）、逻辑输入及输出，其中逻辑输入包括开关量输入和有源接点输入。在测试时，需要对测试仪的硬件对象进行修改，以便适用于各种测试环境。如被测试对象输出为干接点，则必须设置测试仪检测对象为无源接点；如被测试对象输出为有源接点，则必须设置测试仪检测对象为有源接点，并设置相应的门槛电压。如果这些设置错误，轻者会导致测试失败，重者还可能会导致严重的设备损坏。

由于测试仪具体参数不一，这里不具体描述测试仪的相关设置，如果需要可参阅相应的继保测试仪说明书。

1.2 文件准备

1.2.1 综合保护继电器说明书

鉴于 SPACOM 系列综合保护继电器功能多样，定值复杂，能够将各个定值熟记于心固然方便，但是为便于现场检修，建议工作时携带相应型号说明书，以便需要时翻阅。

1.2.2 标准中压开关保护校验工作包

对于中压开关保护装置以及控制回路的检修，其日常标准工作包包括：工作申请票、工作指令单、相关图纸、规程、工前会记录单、工后会记录单、二次安全措施记录卡、定值单等内容。大修标准工作包包括：工作包封面、工作申请票、工作指令单、质量计划、风险分析单、资源需求单、维修记录单、相关图纸、规程、定值单。对于不同的检修项目需按照不同的要求准备标准工作包。

1.2.3 多功能继保测试仪使用说明书

由于测试时可能涉及测试仪的匹配、高级设置等操作,故需要携带测试仪使用说明书以备不时之需。

1.3 工器具准备

1.3.1 继保多功能测试仪准备

本检修工作需要借助继保专业通用的继保多功能测试仪,用以提供校验保护装置所需要的各种激励量和测量相关动作特性。

1.3.2 辅助检修工器具准备

各种计量仪器、仪表的准备,个人常用工具包的准备。需要特别注意的是,各计量仪器、仪表必须有检验合格标志,且在有效期内。对于中压开关保护及控制回路检查的工作来说,一般需要的主要工具以及耗材有以下几项。

螺丝刀:安全措施的布置以及端子排紧固。

扳手以及内六角:继电器固定装置的检查。

万用表:各种参数的测量。

兆欧表:用以绝缘测量。

测试线:转接各激励量。

柜门钥匙:打开二次小室。

绝缘胶带:绝缘包扎。

隔离警示带:建立工作区域。

1.4 模拟体准备

1.4.1 SPAJ 142C 型保护继电器

1. 概述

SPAJ142C 型组合式过流与接地故障保护继电器是用于中性点不接地、经电阻接地或阻抗接地电力系统中的辐射式馈线的短路和接地故障保护。综合保护继电器包括过电流元件和零序电流元件两部分,它们都具有高度灵活的跳闸和信号输出。馈线保护可根据使用要求,采用单相、两相或三相过流保护以及无方向零序电流保护。除了过流与接地故障继电器还包含有断路器失灵保护。保护装置硬件由两大部分组成:过电流单元和接地故障单元,包括:三相定时限或反时限低定值过流保护、三相电流速断或高定值过流保护、定时限或反时限低定值接地故障保护、瞬时或定时限高定值接地故障保护、断路器失灵保护等保护功能。中核运行二厂 6 kV 厂用电系统的进线、馈线开关以及厂用变压器的 6 kV 进线开关均采用该保护继电器。

(1) SPAJ142C 综合保护继电器的过流元件

SPCJ 4D29 继电器模块的电流元件是设计作为单相、两相或三相过流保护。它包含两个过流段,即过电流保护 $I>$和电流速断保护 $I\gg$。如果一相或几相电流超过其相应保护的整定值时,过电流保护或电流速断保护将起动。起动时相应保护发出起动信号 SS1 或 TS1。同时面板上的数字显示起动。如果故障时间超过所整定的动作时间,则已起动的保护就动作跳闸,发出 TS2 跳闸信号使断路器跳闸。同时动作指示器亮红光,尽管该保护已恢复正常,红色指示器仍然亮着。指示器可通过按 RESET 按钮复归。由输出继电器开关组的适当设置,可产生附加的辅助,跳闸信号 TS1。由外部输入的闭锁号 BS 可闭锁过电流保护 $I>$或电流速断保护 $I\gg$的动作,闭锁设置可由开关组 SGB 设定。

过电流保护的动作可根据定时限和反时限特性。动作方式可用编程开关 SGF1/1…3 设定,在定时限动作方式时,其动作时间 $t>$可在 0.05…300 s 的整定值范围内直接以秒为单位整定。当采用反时限动作方式(I.D.M.T)时,四种国际标准和两种特殊型式的时间/电流特性是有效的。同样编程开关 SGF1/1…3 可用来选择所需要的动作特性。

当计算整定值时,必须依照电流输入端最大连续载流量的限制为($4\times I_n$)。尽管继电器起动电流可整定在 2.5…$5\times I_n$,但是其过电流保护工作于反时限特性时的有效整定范围为 0.5…$2.5\times I_n$。在反时限特性下,任何高出 $2.5\times I_n$ 的过电流保护整定值将被视为等于 $2.5\times I_n$。速断保护的起动将闭锁基于反时限特性的过电流保护动作。而且在严重故障情况下,过流元件的动作时间由电流速断保护整定时间决定。电流速断保护的动作时间可在 0.04…300 s 范围内单独整定。两段过流动作都可以具有自保持功能(由 SGB/6 开关设置)。就是说尽管动作电流已返回,但跳闸输出继电器 TS2 仍处于动作状态,可同时按"RESET"和"PROGARM"按钮或通过串行口使用 V101 指令来复归 TS2。当被保护设备刚投入电网时,即起动状态,电流速断保护的整定值 $I\gg/I_n$ 会自动加倍。这样电流速断保护的整定值可以整定地比起动时的冲击电流小,自动加倍功能由开关 SGF1/5 来选择。起动状态的定义是在 60 ms 内相电流从小于 $0.12\times I>$上升到大于 $1.5\times I>$。当电流降到 $1.25\times I>$以下时定义为起动状态结束。电流速断保护整定值范围为 0.5…$40\times I_n$。当整定值选择在整定范围下限时,模块将可得到两个几乎相同的保护动作。这种情况下 SPCJ 4D29 模块的过电流元件可用于两段式减负荷应用场合。电流速断保护可利用开关 SGF2/5 的设定使它退出工作。当电流速断保护元件退出工作,显示屏显示"---",表示动作值为无限大。

(2) SPAJ142C 综合保护继电器的零序电流元件

SPCJ 4D29 模块的无方向零序电流元件是单极零序电流元件。它包括两段零序过流。即零序过电流 $I_0>$和零序电流速断保护 $I_0\gg$。如果故障电流超过零序过电流保护或零序电流速断保护的整定值,则其相应保护将起动,起动时该保护发出起动信号 SS1 或 TS1,同时在面板上动作指示器(显示屏)显示"起动"。如果零序电流持续时间大于整定的动作时间,则已起动保护发出跳闸信号 TS2 使断路器跳闸,同时跳闸信号的红色动作指示器亮起。尽管该保护已恢复,动作指示器仍保持亮着。动作指示器可按"RESET"按钮复归。由外部施加闭锁信号 BS 可把零序过电流或零序电流速断保护动作闭锁。闭锁功能可由插入式模块前面的开关组 SGB 编程设定。零序过电流 $I_0>$的动作可依据定时限或反时限特性,用编程开关 SGF/6…8 设定动作方式。在定时限动作方式时,其动作时间可在 0.05…300 s 整定范围内整定。当使用反时限特性(IDMT)动作方式时,有四种国际标准和两种特殊型式的时间/电流特性是有效的。用编程开关 SGF1/6…8 来选择所需要的动作特性。零序过电流 I_0>起动电流的设定范围工作于定时限制为 0.5…5.0×I_n。反时限则为 0.5…2.5×I_n。零序电流速断保护的动作时间 t_0≫可在 0.05…300 s 范围内单独整定。

零序电流速断保护的起动将闭锁基于反时限特性的零序过电流的动作。而且在严重故障情况下,过流元件的动作时间由零序电流速断保护的整定时间决定。两段零序过流的动作信号都可以具有自保持功能(由开关 SGB/7 设置)。就是说尽管故障电流已返回,但跳闸输出继电器 TS2 仍处于动作状态。可同时按"RESET"和"PROGARM"按钮或者通过串行口使用 V101 指令来复归 TS2。零序电流速断保护 I_0≫的动作可由开关 SGB2/6 的设置使它全部闭锁。当零序电流速断保护被设定为退出工作时,显示屏显示"---",表示整定值为无限大。

(3) SPAJ142C 综合保护继电器的断路器失灵保护

本单元还提供断路器失灵保护(CBFP)。若发生正常跳闸信号TS2后,在规定的时间内故障仍未消除,保护将从 TS1 再发出一个跳闸信号。断路器失灵保护的输出接点正常是用来跳开上游侧的断路器。如果断路器有双跳闸线圈,断路器失灵保护(CBFP)还可以用来建立双重跳闸系统。断路器失灵保护可用开关 SGF1/4 选择。

(4) SPAJ142C 综合保护继电器的整定值含义

整定值由显示屏右边的三位数字表示。靠近整定值符号的指示器是表示当它亮着时,显示屏上显示它的整定值。如表 1-1 所示。

表 1-1 整定值含义

$I>/I_n$	1. 的起动电流,以保护额定电流的倍率表示,定时限模式下整定范围为 0.5…5.0×I_n,反时限模式下整定范围为 0.5…2.5×I_n。注意!在反时限特性中任何高于 2.5×I_n 的整定值将被认定为等于 2.5×I_n 的整定值。
$t>K$	2. 动作时间,以秒表示,在定时限动作方式时(SGF1/1-2-3=0-0-0),其整定范围为 0.05…300 s。$I>$在反时限动作方式时的时间系数,其整定范围为 0.05…1.00。
$I\gg/I_n$	$I\gg$的起动电流,以保护额定电流倍率表示,整定范围为 0.5…40.0 * I_n。另外,可用开关 SGF2/5 选择整定值为"无限大"(显示为"n---"),这使得 $I\gg$无效。
$t\gg$	$I\gg$的动作时间,以秒表示,整定范围为 0.04…300 s。
$I_0>/I_n$	$I_0>$的起动电流,以保护额定电流的倍率表示,整定范围为 0.1…0.8×I_n。
$t_0>k_0$	$I_0>$的动作时间,以秒表示,在定时限动作方式时(SGF1/6-7-8=0-0-0),其整定范围为 0.05…300 s。$I_0>$在反时限动作方式时的时间系数 k_0,其整定范围为 0.05…1.00。
$I_0\gg/I_n$	$I_0\gg$起动电流,以保护额定电流的倍率表示。整定范围为 0.1…10.0×I_n。另外,可通过开关 SGF2/6 选择整定值设定为"无限大"(显示为"n---"),这使得 $I_0\gg$无效。
$t_0\gg$	$I_0\gg$的动作时间,以秒表示,整定范围为 0.05…300 s。

(5) SPAJ142C 综合保护继电器的电子开关功能

SGF1:

SGF1/1、SGF1/2 和 SGF1/3 用来选择 $I>$段动作特性,例如选择定时限动作方式和反时限动作方式(IDMT)。在 IDMT 特性下,此开关组也用作选择该段所需的电流/时间特性,见表 1-2。

表 1-2　SGF1/1、SGF1/2、SGF1/3 选择 $I>$ 段动作特性

SGF1/1	SGF1/2	SGF1/3	特性	时间或曲线选择
0	0	0	定时限	0.05～300 s
1	0	0	IDMT	超强反时限
0	1	0	IDMT	强反时限
1	1	0	IDMT	正常反时限
0	0	1	IDMT	长反时限
1	0	1	IDMT	RI-特性
0	1	1	IDMT	RXIDG-特性
1	1	1	IDMT	不用(长反时限)

SGF1/4:断路器失灵保护(CBFP)

当 SGF1/4=1 时,跳闸信号 TS2 启动一时间继电器,如果在延时到达前故障仍未消除,通过 TS1 发出跳闸信号。当 SGF1/4=0 时,断路器失灵保护停用。

SGF1/5:$I\gg$ 段定值启动时自动加倍。1 加倍,0 不加倍。

SGF1/6…8 用来选择 $I_0>$ 段的动作特性。见表 1-3。

表 1-3　SGF1/6、SGF1/7、SGF1/8 选择 I_0 段的动作特性

SGF1/6	SGF1/7	SGF1/8	特性	时间或曲线选择
0	0	0	定时限	0.05～300 s
1	0	0	IDMT	超强反时限
0	1	0	IDMT	强反时限
1	1	0	IDMT	正常反时限
0	0	1	IDMT	长反时限
1	0	1	IDMT	RI-特性
0	1	1	IDMT	RXIDG-特性
1	1	1	IDMT	不用(长反时限)

SGF2:

SGF2/1…4 选择各段启动后的复归方式,0 为自动复归,1 为手动复归。对应关系为:SGF2/1→$I>$ 段;SGF2/2→$I\gg$ 段;SGF2/3→$I_0>$ 段;SGF2/4→$I_0\gg$ 段。

SGF2/5:$I\gg$ 段投退控制。SGF2/5=0 投入,SGF2/5=1 时 $I\gg$ 段被闭锁并显示“---”。

SGF2/6:$I_0\gg$ 段投退控制。SGF2/6=0 投入,SGF2/6=1 $I_0\gg$ 被闭锁并显示“---”。

SGF2/7:$I\gg$ 段启动自动重合闸控制。SGF2/7=1,$I\gg$ 段通过 AR1 发启动自动重合闸信号(此时 SS3 不可用作其他用途)。SGF2/7=0,$I\gg$ 段不通过 SS3 或 AR1 发重合闸命令。

SGF2/8:$I_0\gg$ 或 $I_0>$ 段启动自动重合闸控制。SGF2/8=0,$I_0>$ 段通过 AR3 发启动自动

重合闸信号。SGF2/7=1，$I_0\gg$段通过 AR3 发重合闸命令。

SGB：

SGB/1=1 由外部控制信号 BS 闭锁 $I>$段

SGB/2=1 由外部控制信号 BS 闭锁 $I\gg$段

SGB/3=1 由外部控制信号 BS 闭锁 $I_0>$段

SGB/4=1 由外部控制信号 BS 闭锁 $I_0\gg$段

SGB/5：通过外部控制信号 BS 或串行通信命令 V150 来切换主整定值和第二整定值。SGB/5=0 时，定值只能通过串行口而不能通过外部控制信号 BS 控制。SGB/5=1 时，定值既可以通过串行口，也可以通过外部控制信号 BS 控制（低电平为主定值，高电平为第二整定值）。

SGB/6：过流跳闸信号 TS2 自保持。SGB/6=1 自保持，SGB/6=0 故障消失后自动复归。

SGB/7：零序跳闸信号 TS2 自保持。SGB/6=1 自保持，SGB/6=0 故障消失后自动复归。

SGB/8：跳闸信号自保持的远方复归。SGB/8=1 允许远方复归。

（6）SPAJ142C 综合保护继电器的跳闸试验方法

寄存器 0 还具有跳闸试验功能，它可允许继电器模块的输出信号逐个动作，如果组合保护的辅助继电器模块已装上，则在试验期间辅助继电器也会逐个动作。按住"PROGRAM"按钮约 5 秒钟显示屏右面的绿色数字开始闪烁，表示继电器模块处于试验位置。整定值指示器闪烁，表示哪一个输出信号动作。按"PROGRAM"按钮约 1 秒钟，可选择所要求的输出功能。要使选定的起动或跳闸触发动作可同时按"STEP"和"PROGARM"按钮。只要两个按钮同时按住该信号就保持有效。对输出继电器的作用取决于输出继电器矩阵开关的设置。

2. SPAJ142C 综合保护继电器的检修

检修目的为检查继电器装置的保护功能，输入、输出，保护整定值，开关控制及信号回路的正确性；对二次线电缆，继电器及交、直流回路的绝缘检查；保证变压器二次回路及保护的完整性、可靠性。

（1）过流保护定值校验

试验接线：将继电保护综合测试仪的 A、C 相电流输出端与保护装置的 1—3、7—9 端子相连（适用于两相不完全星形接线，对于完全星形接线和其他方式接线，需要根据现场实际情况调整接线方式）；将保护装置的跳闸输出 65—66 端子接至继电保护综合测试仪的开入接口（如果现场使用了其他出口继电器出口，则应根据现场接线做出相应调整）；将保护装置的跳闸输出 74—75 端子接至继电保护综合测试仪的开入接口（如果现场使用了其他出口继电器出口，则应根据现场接线做出相应调整）；

（2）低定值定时限过流保护校验

① 合上保护装置直流开关，给保护装置提供试验电源。② 调整低定值定时限过流保护时间整定值为最小（0.05 秒）。③ 将继电保护综合测试仪的电流输出端连接至保护继电器的 1—3、7—9 号端子，合上继电保护综合测试仪的电流输出开关，缓慢增大测试电流，直至

保护动作，读出保护动作时的电流值，记入试验表格中。④ 缓慢减小输出电流值，至继电保护返回，断开测试电源。读出保护返回时的电流值，记入试验表格中。复归保护装置。⑤ 重复以上步骤三次，将测量值记入表格中。⑥ 按照整定定值单恢复低定值定时限过流保护动作整定时间。升高继电保护综合测试仪的输出电流值至 1.2 倍的过流保护动作电流后，断开测试电源。复归保护装置。合上继电保护综合测试仪的电流输出开关，同时开始计时，待保护动作后，停止计时，记录保护动作时间于表格中。⑦ 重复以上步骤三次，分别模拟 A、C、AC 相故障并将每次的动作时间记录于表格中。若测得值超出误差允许范围，则应进行检查，确认无外部回路干扰、装置确实故障后更换保护装置并对其再次进行校验。

(3) 低定值反时限过流保护校验

① 将继电保护综合测试仪的电流输出端与保护装置的 1—3、7—9 端子相连。② 将继电保护综合测试仪的电流输出调整为 $2I>$，合上继电保护综合测试仪的电流输出开关，同时开始计时，直至保护动作，记录保护动作时间于表格中。③ 重复以上两步操作，分别将继电保护综合测试仪的电流输出调整为 $3I>$、$4I>$、$5I>$、$6I>$、$8I>$、$10I>$，$20I>$将每次保护动作时间记录于表格中。④ 根据电子开关 SGF1/1-SGF1/3 的值，选择反时限特性曲线。对照相应的低定值过流保护跳闸曲线图，查出相应电流的动作时间，计算出误差。并将所测的各点绘成曲线，与特性曲线比较(可根据具体定值对试验电流进行相应调整。若测得值超出误差允许范围，则应进行检查，确认无外部回路干扰、装置确实故障后更换保护装置并对其再次进行校验)。

(4) 高定值定时限过流保护校验

① 合上保护装置直流开关，给保护装置提供试验电源。② 调整高定值定时限过流保护时间整定值为最小(0.04 秒)，并退出低定值过流保护单元(可以使用调整定值、闭锁保护等方法)。③ 将继电保护综合测试仪的电流输出端连接至保护继电器的1—3、7—9号端子，合上继电保护综合测试仪的电流输出开关，缓慢增大测试电流，直至保护动作，读出保护动作时的电流值，记入试验表格中。④ 缓慢减小输出电流值，至继电保护返回，断开测试电源。读出保护返回时的电流值，记入试验表格中。复归保护装置。⑤ 重复以上步骤三次，分别模拟 A、C、AC 相故障并将测量值记入表格中。⑥ 按照整定定值单恢复高定值定时限过流保护动作整定时间。升高继电保护综合测试仪的输出电流值至 1.2 倍的高定值定时限过流保护动作电流后，断开测试电源。复归保护装置。合上继电保护综合测试仪的电流输出开关，同时开始计时，待保护动作后，停止计时，记录保护动作时间于表格中。⑦ 重复以上步骤三次，将每次的动作时间记录于表格中。若测得值超出误差允许范围，则应进行检查，确认无外部回路干扰、装置确实故障后更换保护装置并对其再次进行校验。

(5) 接地故障保护定值校验

同上。

(6) 低定值定时限接地保护校验

同上。

(7) 低定值反时限接地保护校验

同上。

(8) 高定值定时限接地保护校验

同上。

1.4.2 SPAM 150C 型保护继电器

1. 概述

SPAM 150 C 电动机保护装置包括如下保护功能:三相热过载保护、电动机堵转保护、三相定时限过流保护、定时限接地故障保护、相序或相不平衡保护、定时限低电流保护、累积启动计数和重启动闭锁功能等。SPAM150C 保护继电器是应用微处理器,完全根据测量电流来进行运算的多功能完整的电动机保护继电器,它具备交流电动机的全部保护功能。其主要应用领域覆盖了所有传统的由接触器或断路器控制的大、中型三相电动机。继电器还可以用于其他领域保护,诸如那些要求具有单相、两相或三相过流和/或过载保护及无方向性接地故障保护功能的场合。

(1) SPAM150C 电动机综合保护继电器的单元说明

1) 热过载单元

热过载单元为电动机在负载变化的情况下提供全面的热过载保护。电动机的温升曲线是条指数曲线,其稳态值取决于负载电流的平方。热过载单元的动作值由继电器的两个整定值来确定。满载电流(FLC)整定值 I_θ 决定了单元的动作值,而时间整定值 t6x 决定了动作时间。整定值 t6x 表示电动机冷态下以六倍的 FLC 启动时热过载单元的动作时间。

热保护单元包含两条不同的温升曲线,一条表示短时和长时过载,并导致跳闸,另一条曲线维持原有热背景的轨迹。加权系数 P 确定两条曲线的温升比率,它能在 20%～100%之间选定。对直接在线启动具有热急增点特性的电动机,系数 P 整定在 50%。不带热急增点特性的场合,如电缆或用软启动器启动的电动机,其整定值为 100%。

一个多路监测器连续不断地监示输入电流信号并检出最高相的参数值。只要电动机电流处于满载电流整定值 I_θ 以下,继电器就不会发出跳闸信号。此时监测器仅监示电动机的热耗状态,以便重载时加上原来的热耗值。如果电流持续上升并超出满载电流整定值 I_θ 的五个百分点,经一段时间后,电动机的全部热容量将耗尽。该时间长短取决于 FLC 整定值、堵转时间整定值和电动机原先的负载情况。如果开关 SGR1/1 或 SGR2/1 已接通出口继电器,当热耗值增至预警整定值 θ_a 时,则发出预警信号。在显示器上预警信号用数字 1 表示。数字 2 表示过载后热耗值增至 100%导致跳闸动作。无论何时当热耗超出再启动闭锁的整定值 θ_i 时,再启动赋能的出口继电器将复位。以制止不必要的电动机启动尝试。在禁止再启动期间内,显示器将显示数字 3,随后,就可知道其他热过载功能的指示器已经动作过。到达允许启动的等待时间估算值可从寄存器 9 中查到。热过载保护动作时间请参阅时间/电流特性曲线图。将 SG4/2 开关组设置为 1,可退出再启动闭锁功能。

对于变化中的电流,热保护单元根据加权系数 P 的值以不同的方式运行。如图 1-7～图 1-10 所示。

当 P=50%时,热保护单元计入电动机的热急增点特性并在短时热耗和长时热背景之间作出区别。在诸如启动的暂态过程结束后,热耗值急速下降,相当于电动机的热急增点已消除,这意味着电动机多次启动的可行性比较高。比较时间/电流特性曲线的热态和冷态曲线图就能看出这种特性。

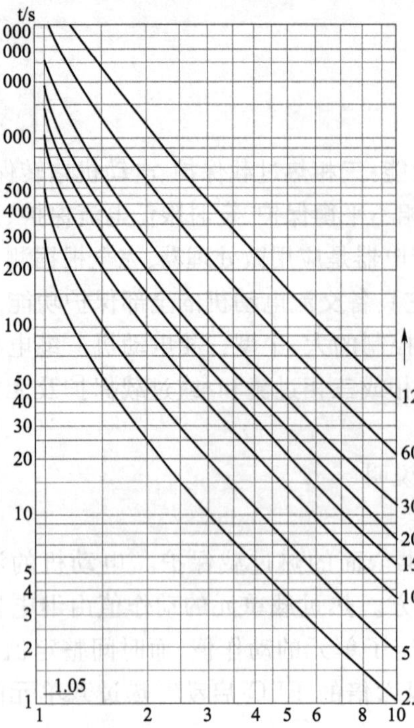

图 1-7　热过载单元无预负载的跳闸曲线（冷态曲线）；p=20…100%

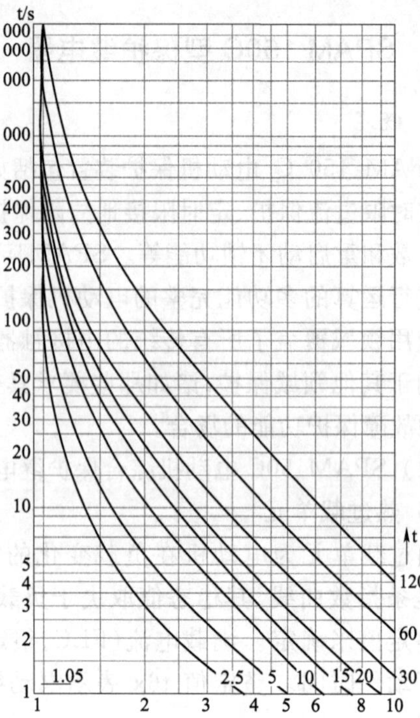

图 1-8　热过载单元带 $1.0\times I_\theta$ 预负载的跳闸曲线（热态曲线）；p=100%

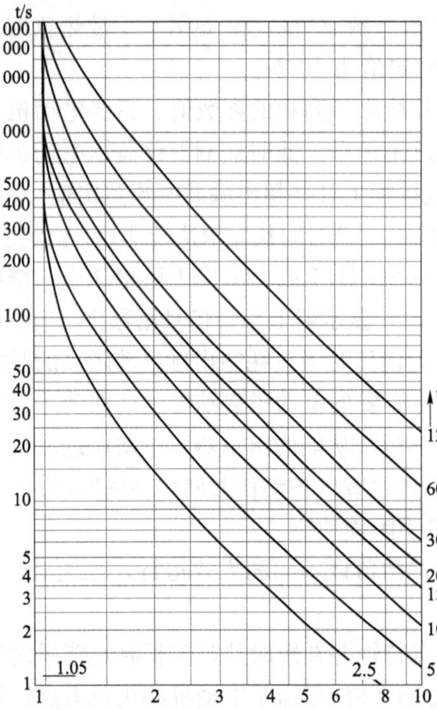

图 1-9　热过载单元带 $1.0\times I_\theta$ 预负载的跳闸曲线（热态曲线）；p=50%

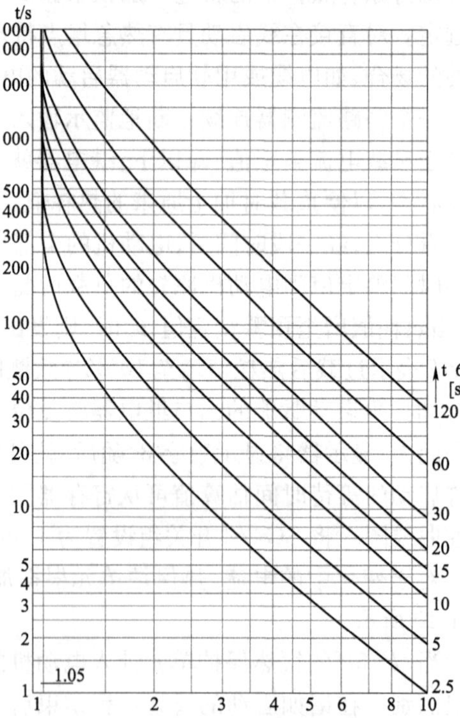

图 1-10　热过载单元带 $1.0\times I_\theta$ 预负载的跳闸曲线（热态曲线）；p=20%

当 $P=100\%$时，脱离重载状态后，热耗值仅能缓慢地下降到轻载时对应的新数值。此时该单元适应于没有热急增点特性的负载，例如软启动方式的电动机或电缆或不存在热急增点特性的其他负载。

电动机的静止状态定义为电动机电流低于 I_θ 的 12%。在电动机停转期间，它的冷却能力降低，这时用于运算的冷却时间常数应该大于由 t6x 确定的升温时间常数。将升温时间常数乘以倍率 k_c 就可获取冷却时间常数，k_c 可在 1…64 整数范围内选定。

电动机的启动状态定义为起始电流低于 I_θ 的 12%，也就是静态，然后电流在 60 ms 内上升到高于 1.5 倍的 I_θ。当电流经 100 ms 后回落到 1.25 倍的 I_θ 以下时，即认定启动状态已结束。启动计数器累计启动次数直至 999，然后再从 0 算起。启动时间为电流处于上述提到的两个电流值之间所持续的时间。应注意的是启动时，面板上所有的指示器将被清零并写入一个新的事件运行值。启动信息可通过出口端 SS1 输出。

任何时候只要辅助电源消失或接通，继电器就认定电动机热耗增至热容量的 70%左右。这可确保重载情况下跳闸信号能够及时发出。在轻载的情况下，继电器计算得出的热耗值将逐渐衰减至与电动机电流相一致的实际值。

在较低的预警整定值的情况下，继电器一旦接通电源，将产生热预警信号，这是由于初始化时热耗已达到 70%热容量的缘故。试验时若需要冷态下 0%热耗的对应值，只要在通电时保持两个按钮均处于按住的状态即可实现。

2）启动监示单元

启动堵转保护可用 SGF/7 开关选择两种不同的方式来实现：过电流定时限保护方式的启动监示和基于计算热耗的启动监示方式。

过电流定时限保护方式的启动监示：采用过电流定时限功能监示启动时间是最直接的方式。启动的条件由检测定值 I_s 是否超出来确定并且允许的启动时间整定成 t_s。这种监示方式的缺陷是允许的最大启动时间是固定的以及在低电压期间内不可能延长启动时间。如果一相或几相电流大于整定值则过流段起动。若过流状态持续时间大于整定的动作时间，则此单元发出一跳闸信号让断路器跳闸。这时跳闸指示灯点亮并在显示器上出现红色代码 6。即使保护段已复位，红色跳闸指示灯仍然亮着。要使指示灯复位须按复位按钮。通过整定输出继电器开关组，能使跳闸信号从信号端 SS2 或 SS3 发出。通过开关 SG4/3 能使起动信号直接从 SS1 输出。电流 $I>$段的整定范围是 1.0…10×I_n。过流段动作时间 t_s 的整定范围是 0.3…80 s。低定值过流单元的动作带有自保持特性（开关 SGB/8），尽管引起动作的故障已消失，跳闸输出信号仍将保持，输出继电器可以用五种不同的方式复位：a）按下 PROGRAM（编程）按钮，b）同时按下 STEP（步进）和编程按钮，通过 SPA 总线遥控；c）使用指令 V101 或 d）使用指令 V102 或 e）外部控制输入端遥控。用 a）和 c）方式复位时，贮存的数据不被抹掉，而用 b），d）或 e）方式复位时，记录的数据将被抹掉。

基于计算热耗的启动监示方式：通过整定选择开关 SGF/7，可将 I_s 和 t_s 整定为 $I_s^2\times t_s$ 模式。在这种情况下电流参数 I_s 整定为电动机实际的启动电流值，时间参数 t_s 整定为电动机正常的启动时间值。此时继电器按 $I_s^2\times t_s$ 的乘积值计算，它等于电动机正常启动时热耗的总和。在电动机的启动期间，继电器连续测量启动电流并使其的二次方与运行时间相乘。如果软件开关 SG4/1 处于 1 的位置，只要启动电流超过 I_s 定值，就开始计算 $I_s^2\times t_s$ 的值。当计算值超出 $I_s^2\times t_s$ 的积时，该单元就动作。动作信号可通过 SG4/3 开关直接送往输出端 SS1。

跳闸时,跳闸指示灯亮红光,显示器显示出红色的代码 6。即使保护段复位,跳闸指示灯仍然保持点亮状态。按下复位按钮指示器才能复位。通过整定输出继电器开关组,跳闸信号能从信号端 SS2 或 SS3 发出。这种启动监示形式适用于低电压情况,它允许启动时间延长至热耗超出其最大整定值。过流段的起动电流整定范围为 1.0～10×I_n。过流段动作时间的整定范围为 0.3～80 s。

电动机转速开关方式的启动监示。由于一些 ExE 型电动机的安全堵转时间比通常的电动机启动时间还要短。这种场合下电动机转轴上的转速开关就需给出电动机启动时是否正常加速的信号。来自转速开关的信号进入继电器控制输入端 10 和 11,通过控制输入端来闭锁启动监示单元中定时限计算或热耗监测的动作。

3) 高定值过流单元

如果一相或几相电流上升至整定值,则高定值过流段起动。同时发出起动信号。当过流现象延长至动作时间的整定值时,就发出跳闸信号让 C.B 跳闸。同时红色的跳闸指示灯点亮。尽管该动作段已复位,但红色的跳闸指示灯仍然点亮,只有在按下复位按钮后,指示灯才复位。跳闸信号总是通过 SS3 输出,若更改设置也可经 SS2 输出。

高定值过流段起动电流整定范围为 0.5～20×I_n,高定值过流段动作时间 $t\gg$ 整定范围为 0.04～30 s。

高定值过流单元的动作具有自保持特性(SGB/7 或 SGB/8),尽管引起动作的故障已经消失,跳闸输出信号仍然保持。输出继电器可以用五种不同的方式复位:a) 按下编程按钮,b) 同时按下步进和编程按钮,通过遥控 SPA 总线控制;c) 使用指令 V101,d)使用指令 V102 或 e) 通过外部控制输入端遥控。用 a)和 c)方式复位时,贮存的数据不被抹掉,而用 b),d) 或 e) 方式复位时,记录的数据将被抹掉。

保护对象连至系统时,启动过程中,高定值过流段的整定值 $I\gg/I_n$ 也可整定成自动加倍功能。这时,高定值过流段的整定值可以低于浪涌电流。自动加倍功能可通过 SGF/2 开关来选定。两个不同的启动定义可通过开关 SG4/1 来选定。当 SG4/1=0 时,启动状态定义如下:即在小于 60 ms 期间,相电流从 0.12×I_θ 升至 1.5×I_θ。当电流回落至 1.25×I_θ,启动状态结束,当 SG4/1=1 时,启动状态定义成 $I>(I_S)$已经超出。

通过整定开关 SGF/1,可让高定值过流段退出运行。当起动值为无穷大,显示器显示“---”时,表示高定值单元退出运行。

4) 接地故障单元

SPCJ4D34 模块灵敏的无方向性接地故障单元是个单极零序过流单元。它具有一个整定范围为 1.0～100%I_n 的低定值过流段 $I_0>$。动作时间可整定在 0.05～30 s 范围内。

若测量到的电流大于整定值。该段起动并发出一个起动信号。若过流状态持续至动作时间的定值,则发出跳闸信号让 C.B 跳闸。接地故障单元动作并在继电器面板上的显示器中显示出 7 的代码。同时,红色的跳闸指示灯点亮。尽管该段动作已复位,但跳闸指示灯仍然点亮。指示灯的复位需按动复位按钮。如果该单元整定成只发信号的形式,即接通跳闸继电器的 SGR1/8 开断,这时只要该单元激活,仍将显现跳闸指示。通过输出继电器开关组的适当组合,跳闸信号可从信号通道 SS2 或 SS3 发出。

$I_0>$段的动作可通过该段上的闭锁信号 BS 实现闭锁。闭锁指令由模块面板上的 SGB/4 开关设定。

接地故障单元(高定值段)的动作具有自保持特性(开关 SGB/7 或 SGB/8)尽管引起动作的故障已经消失,跳闸输出信号仍然保持。输出继电器可以用五种不同的方式复位:a) 按编程按钮;b) 同时按下步进和编程按钮;通过遥控 SPA 总线控制;c) 使用指令 V101 或 d) 使用指令 V102 或 e) 通过外部控制输入端遥控。用 a)和 c) 方式复位时,贮存的数据不被抹掉,而用 b),d)或 e) 方式复位时,记录的数据将被抹掉。

在使用接触器控制元件时,可通过整定 SGF/3 和 SGF/4 开关来防止过高电流场合下接地单元的误动作,在这种情况下,只要线电流上升至由两个开关整定的 4,6 或 8 倍满载电流 I_θ 时,接地单元的动作将被闭锁。

在中性点不接地的系统中,有时需要接地故障单元不作用于跳闸而仅输出信号。此时只要将连接接地故障单元与跳闸输出 TS2 之间的开关 SGR1/8 整定成分断状态即可。如果单元选定跳闸动作,则跳闸输出 TS2 和被选定的信号输出继电器两者均动作。如果单元仅选定发信形式,则跳闸输出 TS2 不动作。

相电流不平衡单元具有单相保护和反时限电流不平衡保护的功能。电路的不平衡通过检测相电流的最高值与最低值即可得出,即不平衡值 $\Delta I=100\%(I_{Lmax}-I_{Lmin})/I_{Lmax}$。在完全不平衡时显示器指示 100%,相当于负序电流 $I_2=57.8\%$。若不平衡分量上升至动作整定值 ΔI,则该单元起动,同时定时器也起动,动作时间取决于不平衡程度以及根据下图所整定的动作时间 Δt。实际的不平衡分量处于最低可整定的起动值(10%)时,动作时间等于 Δt 的整定值,而单相运行情况下,动作时间为 1 s 左右。

如果不平衡状况持续至整定值对应的动作时间,则发出跳闸信号让 C.B 跳闸。同时,红色的动作指示灯点亮,显示器显出 5 的代码。尽管该动作段已复位,红色的动作指示器仍然点亮。按下复位按钮可将指示器复位,通过输出继电器开关组的适当组合,跳闸信号可通过信号通道 SS2 或 SS3 发出。

相不平衡保护的动作可通过接至该单元的一个闭锁信号来闭锁。该闭锁信号可通过开关组 SGB/3 来设置。通过开关 SGF/5 可将不平衡单元整定为有效或无效。

动作电流的整定范围为 10%～40%I_L 或 ∝(显示“---”)。不平衡单元的基本动作时间 Δt 整定范围为 20～120 s。

不平衡单元的动作具有自保持特性(开关 SGB/8),尽管引起动作的故障已经消失,跳闸输出信号仍然保持。输出继电器可以用五种不同的方式复位:a) 按编程按钮,b) 同时按下步进和编程按钮,通过遥控 SPA 总线控制;c) 使用指令 V101 或 d) 使用指令 V102 或 e) 通过外部控制输入端遥控。用 a)和 c) 方式复位时,贮存的数据不被抹掉,而用 b),d)或 e) 方式复位时,记录的数据将被抹掉。

为了使两相接线场合下的相不平衡单元的动作更精确,应该将两相电流向量和当成第三相电流互感器的值,即把实际的第三相电流建立起来。

5) 逆相单元

逆相保护以相电流正半周出现的顺序为根据。如果相电流以错误的顺序上升,该单元起动,而且令断路器在一秒钟之内动作。通过开关 SGF/6 可选用或闭锁逆相保护。动作之后的指示及输出继电器状态如同前述的不平衡单元一样。

6) 低电流单元

低电流单元保护运行期间装置和电动机突然降载。低电流保护能用于减载则表示故障的场合,例如泵类负载。

单元的起动值取决于满载电流整定值 I_θ。如果负载减轻,三相电流下降至整定值时,该单元起动。如果低电流的状况持续至动作整定时间 $t<$,则发出跳闸信号让 C.B 跳闸。同时,红色的跳闸指示灯点亮,显示器显出 8 的代码,尽管保护段已复位,红色的跳闸指示灯仍然点亮,按下复位按钮指示灯才能复位。通过输出继电器组的适当组合,跳闸信号能从信号通道 SS2 或 SS3 送出。

该段的起动电流整定范围为 30%~80%I_θ,动作时间 $t<$ 的整定范围为 2.0~600 s。为了不分断掉电的电动机,在电流低于百分之十二满载电流时该单元闭锁。如果不采用低电流保护,可通过开关 SGF/8 将该单元的功能取消,这种场合下,显示器将显示“---”。

低电流单元的动作具有自保持特性(开关 SGB/8),尽管引起动作的故障已经消失,跳闸输出信号仍然保持,输出继电器可以用五种不同的方式复位:a) 按编程按钮,b) 同时按下步进和编程按钮,通过遥控 SPA 总线控制;c) 使用指令 V101 或 d) 使用指令 V102 或 e) 通过外部控制输入端遥控,用 a)和 c) 方式复位时,贮存的数据不被抹掉,而用 b),d)或 e) 方式复位时,记录的数据将被抹掉。

7) 启动时间累计器

每次电动机启动时,它的启动时间都累加至记数器 $\sum$tsi,若寄存器的数值超出 $\sum$tsi,由于再启动赋能的继电器被复位,则电动机任何再启动的尝试将被中止。除了启动时间最大累加值外,复原的速率也要整定,它是按需要递减的启动时间寄存器内的分量要衰减多快来确定的。如果电动机在 4 小时内最多允许启动三次,每次启动时间为 60 s,则应该使定值 $\sum t_{si}=3\times60=180$ s,及定值 $\Delta\sum t_{si}=180$ s/4 h=45 s/h。

8) 自检

微处理器技术使继电器的自监示特性得以应用。自检单元除了监示微处理器与模-数转换硬件之间配合关系外,还连续不断地检测继电器内绝大部分重要部件的工作状况。微处理器软件的操作也得到监示。如果检测到某个误操作,则信号输出继电器动作。这就避免了系统没有正确的保护还在运行这种情况。输出继电器正常时是激活的,以确保辅助电源电压降低时能发出警报。如果故障条件成立,则内部继电器故障由点亮面板上标有“IRF”的发光二极管来表示。

(2) SPAM150C 电动机综合保护继电器的整定值

整定值由显示器上最右边的三位数字表示。指示灯处于哪个整定参数符号时表示显示器指示的数值为当前参数的整定值。见表 1-4。

表 1-4 整定值意义

整定参数	参数意义	整定范围
I_θ	电动机满载电流 I_θ 与继电器额定电流 I_n 的比率。若电流超过整定值的 5%,跳闸指令经一定延时后发出	0.5–1.5×I_n
t6x	最大安全堵转时间,即冷态时电动机在六倍满载电流 I_θ 情况下的安全运行时间(s)	2.0~120 s
P	热过载曲线的加权系数	20%~100%

续表

整定参数	参数意义	整定范围
θ_a	热过载预警值相对于跳闸值的百分数	跳闸值的 50%～100%
θ_i	热过载再启动闭锁值相对于跳闸值的百分数	跳闸值的 20%～80%
k_c	电动机停转时冷却时间常数相对运转时升温时间常数的倍率	1～64×升温时间常数
I_s	电动机启动电流整定值与继电器额定电流的比值	1.0～10.0×I_n
t_s	电动机启动时间(s)*	0.3～80 s
$I\gg$	高定值过流单元定值与继电器额定电流的比值	0.5–20×I_n和∝
$t\gg$	高定值保护单元的动作时间(s)	0.04～30 s
I_0	接地故障单元起动电流整定值 I_0 相对继电器额定电流 I_n 的百分数	1.0～100%I_n
t_0	接地故障动作时间(s)	0.05～30 s
ΔI	不平衡保护定值 ΔI 与相电流最大值的百分比	10%～40%I_L 和∝
Δt	以秒表示的最小不平衡时的动作时间，反时限逆相电流保护的动作时间	20～120 s<1 s
$I<$	低电流单元起动值与电动机满载电流 I_θ 的百分比	30%～80%I_θ 和∝
$t<$	低电流单元的动作时间(s)	2～600 s
Σt_{si}	闭锁再启动的启动时间累加值(s)	5～500 s
$\Delta\Sigma t_s$	启动时间累计器的递减率(s/h)	2～250 s/h
SGF SGB SGR	当面板上开关组代号旁的指示灯亮时，即可在显示器上指示出对应的选择开关组 SGF，SGB，SGR1 和 SGR2 的检验和。继电器中各开关组的使用方法及其位置说明在其他章节中叙述	

启动概念定义为在小于 60 ms 期间内，相电流从静止时 $I<0.12I_\theta$ 上升至 $1.5I_\theta$。当相电流回落至 $1.25I_\theta$ 以下时表示启动过程结束。如果使用转速开关来实现启动堵转保护时，则开关状态一切换，时间计数器就停止工作。在这种情况下整定值 t_s 最好等同于电动机的 t_e 时间。

(3) SPAM150C 电动机综合保护继电器的编程开关

各种用途所需的功能可通过面板上所指示的开关组 SGF，SGB，SGR1 和 SGR2 来选定。此外，电动机保护继电器模块还具有一个软件开关组 SG4，它位于 A 寄存器的第 4 号子菜单内。在整定开关组时，将显示出开关编号 1～8，以及开关状态码 0 和 1。一般情况下仅显示出检验和。

1) 功能设置开关组 SGF

SGF 开关组的选择开关用来选定继电器的相关功能。见表 1-5。

表 1-5　SGF 开关组选定继电器功能

开关	功　　能	加权值
SGF/1	高定值过流单元的闭锁或使用 0=高定值段闭锁(定值显示“---”) 1=高定值段使用	1

续表

开关	功　能	加权值
SGF/2	电动机启动期间高定值过流整定值加倍 0=无加倍;1=加倍特性有效	2
SGF/3 SGF/4	过流值高于已整定的电动机满载电流(FLC)的倍数时,闭锁接地故障的跳闸 SGF/3=0SGF/3=1 SGF/4=0 不闭锁 4 倍 FLC 闭锁 SGF/4=16 倍 FLC 闭锁 8 倍 FLC 闭锁	48
SGF/5	使用或不用相不平衡保护 0=不用(定值显示"---");1=使用	16
SGF/6	使用或不用逆相保护 0=不用;1=使用	32
SGF7	堵转保护形式的选择,基于热耗监测($I_s 2\times t_s$)或定时限过流特性(Is&ts) 0=定时限过流方式 1=热耗监测形式	64
SGF/8	使用或不用低电流保护 0=不用(定值显示"---");1=使用	128
	SGF 出厂设定的检验和	115

2）闭锁和控制输入选择开关组 SGB

SGB 开关组的选择开关确定了继电器外部控制输入的相应功能。见表 1-6。

表 1-6　SGB 开关组选定功能

开关	功　能	检验和的值
SGB/1	将来自电动机转速开关的堵转信号输进继电器(置 1)。该功能主要用于堵转时间不允许超过启动时间的 ExE 型电动机。	1
SGB/2	由外部命令闭锁电动机的再启动(置 1)。可用于外部自动化设备制约电动机的再启动。	2
SGB/3	SGB/3=1 时,输入信号 BS 闭锁相不平衡单元,解除闭锁时,单元以原定的动作时间运行。可用于诸如使用软启动器的电动机在启动期间闭锁该保护。	4
SGB/4	SGB/4=1 时,输入信号 BS 闭锁接地故障单元。解除闭锁时,以原定的动作时间运行。能防止诸如启动期间使用软启动器或电流互感器饱和影响而产生的误跳闸。	8
SGB/5	外部跳闸指令送至输出继电器 A(置 1)。该功能可使外部保护继电器接通跳闸回路。注意!该跳闸信号并不来自 SPCJ 模块而必须是由外部保护继电器的触点发出的。	16
SGB/6	外部继电器复位(置 1)相当于继电器外部有个手动总复位按钮。该信号可送往电站内的所有继电器。另一功能是可复位某些自动化装置。	32
SGB/7	短路,接地故障或不平衡跳闸时对输出继电器实行自保持。 SGB/7=0 时,引起跳闸的测量信号降至起动值以下时,跳闸信号返回起始状态,即输出继电器复位。 SGB/7=1 时,跳闸信号保持输出状态,即尽管测量信号已降至起动值以下,输出继电器仍然动作。要复位跳闸信号必须按编程(PROGRAM)按钮,或同时将编程按钮(PROGRAM)和复位按钮(RESET)按下或通过 SPA 总线遥控或用外部输入信号控制。	64

续表

开关	功　　能	检验和的值
SGB/8	各种原因引起的跳闸时对输出继电器实行自保持。SGB/8=0 时，引起跳闸的测量信号降至起动值以下时，跳闸信号返回起始状态。即输出继电器复位。 SGB/8=1 时，跳闸信号保持输出状态，即尽管测量信号已降至起动值以下，输出继电器仍然动作。要复位跳闸信号必须按编程（PROGRAM）按钮，或同时将编程按钮（PROGRAM）和复位按钮（RESET）按下或通过 SPA 总线遥控或用外部输入信号控制。	128
	出厂整定的 SGB 检验和	0

3）继电器输出编程开关组 SGR1 和 SGR2

SGR1 和 SGR2 开关组的编程开关用来确定输出信号传至相应的输出继电器。

SGR1 选择开关组功能，见表 1-7。

表 1-7　SGR1 开关组功能

开关	功　　能	检验和的值
1	SGR1/1=1 时，热保护预警信号传至 SS2	1
2	SGR1/2=1 时，热保护跳闸信号传至 SS2	2
3	SGR1/3=1 时，堵转保护信号传至 SS2	4
4	SGR1/4=1 时，高定值过流信号传至 SS2	8
5	SGR1/5=1 时，电流不平衡信号传至 SS2	16
6	SGR1/6=1 时，接地故障信号传至 SS2	32
7	SGR1/7=1 时，低电流信号传至 SS2	64
8	SGR1/8=1 时，接地故障跳闸信号传至 TS2	128
	出厂设定的 SGR1 检验和	129

SGR2 选择开关组功能，见表 1-8。

表 1-8　SGR2 开关组功能

开关	功　　能	检验和的值
1	SGR2/1=1 时，热保护预警信号传至 SS1	1
2	SGR2/2=1 时，电动机启动信号输出传至 SS1	2
3	SGR2/3=1 时，高定值过流起动信号传至 SS1	4
4	SGR2/4=1 时，热保护跳闸信号传至 SS3	8
5	SGR2/5=1 时，堵转保护信号传至 SS3	16
6	SGR2/6=1 时，电流不平衡信号传至 SS3	32
7	SGR2/7=1 时，接地故障信号传至 SS3	64
8	SGR2/8=1 时，低电流信号传至 SS3	128
	出厂设定的 SGR2 检验和	250

开关组 SG4：

位于寄存器 A 第 4 号子菜单内的软件开关组 SG4 具有三个选择开关，见表 1-9。

表 1-9　SG4 开关组功能

开关	功能	检验和的值
1	开关 SG4/1 用于启动监示单元选定为 $I_{s2}\times t_s$ 运行方式(SGF/7=1)。 SG4/1=0 时，启动期间继电器计算 $I_{s2}\times t_s$ 值。相电流在 60 ms 内从低于 $0.12I_\theta$ 升至 $1.5\times I_\theta$ 时定义为启动状态。相电流在大于 100 ms 后降至 $1.25\times I_\theta$ 为启动结束。 SG4/1=1 时，启动电流 I_s 超出时继电器开始计算 $I_{s2}\times t_s$ 的值。	1
2	SG4/2=1 时，再启动赋能信号 TS1 无法传输。	2
3	SG4/3=1 时，I_s 段的起动信号直接发至输出通道 SS1。	4
	出厂设定的 SG4 开关组检验和。	0

2. PAM150C 电动机综合保护继电器的检修

(1) 热过载保护单元校验

试验接线：

—将继电保护综合测试仪的电流输出端与保护装置的电流输入端子相连；

—将保护装置的跳闸输出 65—66 端子接至继电保护综合测试仪的开入接口(测试时需要根据实际情况进行调整)；

—将保护装置的跳闸输出 68—69 端子接至继电保护综合测试仪的开入接口(测试时需要根据实际情况进行调整)；

—将保护装置的跳闸输出 80—81 端子接至继电保护综合测试仪的开入接口(测试时需要根据实际情况进行调整)；

—将保护装置开关组 SGF 定值设为“0”；

—同时按住保护装置的“RESTE”和“PROGRAM”键，将保护装置复位。

—监视保护装置动作出口接点输出 65,66 端子(测试时需要根据实际情况进行调整)。

—将继电保护综合测试仪的电流输出调整为 $1.5I_\theta$，合上继电保护综合测试仪的电流输出开关，同时开始计时，直至保护出口动作(保护显示动作信息为“2”)。检查实测动作时间是否满足要求。

(2) 启动监视单元校验

保护动作电流 I_s 的校验：

—设定 SGF/7=0，校验定时限过流保护定值。

—将电子开关 SG4/3 的值设置为“1”。

—将保护动作时间 tS 改为最小值(0.3 s)。

—将继电保护综合测试仪的 A、C 相电流输出端与保护装置的 1～3、7～9 端子相连。

—将保护装置的跳闸输出 77～78 端子接至继电保护综合测试仪的开入接口。

—监视保护装置的出口 SS1(77,78)输出接点是否闭合。

—缓慢增大继电保护综合测试仪的输出电流，至保护装置动作为止(动作指示为红色数字“6”),出口接点 77,78 闭合。

—缓慢降低测试仪的输出电流,直至保护装置返回(动作指示“6”消失,出口接点返回)。

—按保护装置面板上的“RESET”键,复归保护装置。

—重复以上三步操作三次,将每次测量的电流值记录于表格中。

(3) 保护动作时间 t_s 的校验

—将保护动作时间改回原定值。

—将继电保护综合测试仪的电流输出调整为 $1.5I_s$,按“RESET”键复归保护装置。

—合上继电保护综合测试仪的电流输出开关,同时开始计时。至保护装置动作后,停止计时。

(4) 热应力计算的启动管理单元定值的校验

设定 SGF/7=1 时,基于热应力计算的启动管理单元定值的校验。

当 SG4/1=0 时:

—将继电保护综合测试仪的 A、C 相电流输出端与保护装置的 1~3、7~9 端子相连(测试时需要根据实际情况进行调整)。

—将继电保护综合测试仪的电流输出调整为 $1.5I_\theta$,合上继电保护综合测试仪的电流输出开关,同时开始计时,直至保护出口动作(保护显示动作信息为“6”)。

—按保护装置面板上的“RESET”键,复归保护装置。

—重复以上两步操作,分别将继电保护综合测试仪的电流输出调整为:$1.5I_\theta$、$3I_\theta$、$5I_\theta$、$7I_\theta$、$9I_\theta$。

(5) 高定值过流保护单元校验

同 SPAJ142C 校验方法。

(6) 接地故障保护校验

同 SPAJ142C 校验方法。

(7) 大电流闭锁接地保护出口功能校验

—对照定值单,检查电子开关 SGF/3 和 SGF/4 的值,若其值为:

—“0,0”,不执行大电流闭锁接地保护出口功能校验

—“0,1”,电流大于 $4I_\theta$ 时闭锁接地保护出口

—“1,0”,电流大于 $6I_\theta$ 时闭锁接地保护出口

—“1,1”,电流大于 $8I_\theta$ 时闭锁接地保护出口

—将 SGF/1 电子开关的值改为“0”

—根据电子开关 SGF/3 和 SGF/4 的值,另取一电流源,将其输出值调整为对应的 I_θ 倍数,将继电保护综合测试仪的 A、C 相电流输出端与保护装置的 1~3、7~9 端子相连。

—缓慢对保护装置 25~26 端子(若 CT 二次侧电流为 1 A,相应为保护装置的 25~27 号端子)增大输入电流,直至超过接地保护整定值,保护应可靠不动作。

—对照定值单,恢复 SGF/1 电子开关的值。

(8) 相电流不平衡保护单元

—将继电保护测试仪的三相电流输出分别与保护装置的 1~3,4~6,7~9 端子相连接(测试时需要根据实际情况进行调整)。

—调整继电保护测试仪的电流,对保护装置输出三相平衡电流 I_θ。断开继电保护测试

仪的电流输出，复归保护装置。

—降低 A 相电流，使其值为 90%I_θ，合上电流输出开关，同时开始计时，直至保护装置动作(动作指示为红色数字“5”)。

—重复以上两步操作，分别降低 A 相电流为 85%I_θ、80%I_θ、70%I_θ、60%I_θ、40%I_θ、20%I_θ。

—注：若保护整定值 ΔI 大于 10%，则对应测试项目中的 A 相电流大于$(1-\Delta I)I_\theta$部分将不必测量。

—对照热曲线图，查出相应电流的动作时间，计算出误差。并将所测的各点绘成曲线，与热曲线图交点进行比较。

(9) 相序保护校验

—将继电保护综合测试仪的A、B和C相电流输出端子分别连接至保护装置的1～3,7～9,4～6 端子，即将输出 B、C 相与保护装置的 C、B 相连接。(测试时需要根据实际情况进行调整)

—合上电流输出开关，同时开始计时，直至保护动作(动作指示为红色的数字“5”)。若保护正常动作，且动作时间小于 1 s，则保护装置正常。

(10) 启动时间计数器单元校验

—同时按住保护装置的“RESTE”和“PROGRAM”键，将保护装置复位。

—将继电保护综合测试仪的 A、C 相电流输出端与保护装置的 1～3、7～9 端子相连(测试时需要根据实际情况进行调整)。

—监视保护装置动作出口接点输出 74,75 端子(测试时需要根据实际情况进行调整)。

—调整继电保护综合测试仪的输出电流为 1.5I_θ，合上电流输出开关，同时开始计时。当保护装置重启动闭锁动作停止计时(动作指示为红色数字“3”)。

—同时按住保护装置的“RESTE”和“PROGRAM”键，将保护装置复位。

1.4.3 SPAD 346C 型保护继电器

1. 概述

具有制动特性的差动保护继电器 SPAD 346 C 主要为双卷变压器和发电机变压器组的线圈多相短路、匝间短路、接地故障和出口相间短路等提供保护。整体化差动保护继电器 SPAD 346 C 包括三个独立的保护模块：三相具制动特性的差动保护模块 SPCD 3D53、接地保护模块 SPCD 2D55 和组合式过流和接地故障保护模块 SPCJ 4D28。继电器的额定交流输入电流为 5 A 和 1 A。高压侧和低压侧可以使用不同或相同的电流。中核运行二厂 PX 厂房和电锅炉使用了继电器的差动保护模块 SPCD 3D53 和组合式过流和接地故障保护模块 SPCJ 4D28 两个模块。变压器高压侧和低压侧接地故障保护可用以下原理来实现：差动电流原理、高阻抗原理、计算或测量残余电流原理或零序电流原理。可为变压器和发电机提供三段过流保护并为接地故障保护提供两段后备保护。差动继电器的动作特性易于适应不同的应用场合。即使电流互感器开始饱和，其动作时间也很短。保护区外的故障和变压器涌流期间可靠不误动。

基于差动电流二次谐波分量和基波分量比率的闭锁特性可以防止变压器涌流期间的误动作。基于差动电流五次谐波分量和基波分量比率的闭锁特性可以防止变压器过励磁但不会造成损害场合下的误动作。如果电压继续升高,同样上升的五次谐波和基波分量比率将解除闭锁特性。对双绕组变压器采用数字式联结组来匹配高低压侧可以不需要附加的中间变流器。宽范围的 CT 变比校正可采用精确的数字校正方式。灵敏的相电流和相角显示简化了测量回路连接和联结组匹配的检查。四个跳闸和信号出口继电器可供保护设计人员选用。五个可编程的外部控制输入可用来指示和传送瓦斯继电器、油温传感器和变压器辅助装置其他传感器的报警或跳闸信号。

可调的 CBFP 动作时间可改善操作可靠性。内置的故障录波器可记录电流信号和被选用来触发录波的数字信号。具备较高的抗电气电磁干扰能力,使继电器可用于恶劣环境。持续监测硬件和软件的功能可以提高系统的可靠性。继电器的额定电流是 1 A 和 5 A。高压侧和低压侧可用不同或相同的额定电流。

(1) 三相具制动特性的差动保护模块 SPCD 3D53

差动继电器模块 SPCD 3D53 为绕组短路和匝间短路提供保护。差动继电器比较被保护对象两侧的相电流。如果某相差动电流超出制动特性区或模块瞬动保护段的整定值,模块就会发出动作信号。电流幅值差或相位差都可能产生差动电流。变压器差动保护通常应用中间变流器来匹配联结组别不同的主变压器的二次电流。保护区外发生接地故障时,中间变流器还可以用来消除相电流的零序分量。由于差动继电器模块可以在高压侧和低压侧采用数字处理方式执行联结组耦合、CT 变比校正和消除相电流的零序分量,因此差动电流继电器 SPAD346C 保护双绕组变压器时可以不必使用中间变流器。

(2) SPAD 346 C 差动继电器带制动特性的差动电流段

在电力变压器保护中,以下情况都会产生差动电流:CT 误差、改变抽头位置、变压器浪涌电流、过电压和低频状态下引起变压器的过励磁和大电流通过变压器时引起的 CT 饱和。负载电流增加时,由 CT 误差和改变抽头位置引起的差动电流以同样的百分比增加。在发电机保护中,差动电流主要由 CT 误差和大电流通过互感器时 CT 饱和所产生。保护区外的短路、变压器或发电机供给电动机启动时的大电流或变压器投励时均会导致大电流通过被保护装置,这些情况中,差动继电器将随负载电流的增大而被制动。在带制动特性的差动继电器中,负载电流越大,继电器动作所需的差动电流也越大。差动继电器模块的制动特性和特性曲线的整定范围在差动继电器模块 SPCD 3D53 说明中介绍。差动继电器模块 SPCD 3D53 的动作基于基波分量。基于基波分量的动作既准确又可靠,直流分量和谐波电流不会引起保护段的误动作。

(3) SPAD 346 C 差动继电器差动电流二次谐波的闭锁

经过一段断电时间后,变压器投励时产生励磁涌流。浪涌电流可能会几倍于额定电流,持续时间可能长达几秒钟。对于差动继电器,浪涌电流就是差动电流,变压器投入电网时,浪涌电流通常会引起继电器误动。典型的浪涌电流包含丰富的二次谐波。继电器制动段闭锁由励磁涌流引起的动作主要靠从差动电流滤出的二次谐波与基波分量的比率 Id2f/Id1f 来实现。闭锁功能还会避免复原期间和共振浪涌期间的误动。复原期间切除区外故障,电压恢复正常时,被保护变压器的励磁涌流将会剧增。共振浪涌则是由与被保护变压器并列于同一电网的另一变压器投励时所引起。由于基于差动电流二次谐波的闭锁功能在电力变压器投励期间发生区内故障时被基于差动电流波形和变化率的另一独立算式所解除,所以继电器模块的动作并不会被延时。变压器涌流期间继电器动作闭锁是基于差动电流二次谐波与基波分量的比率 Id2f/Id1f。闭锁用的比率采用计算三相差动电流二次谐波和基波分量比率的加权平均值而得。本相差动电流二次谐波与基波分量之比相对其他两相比率而言取最重的权值。应用对各相的单独闭锁和各相分别计算加权平均值可对投励涌流实施可靠的闭锁方案。如果相关相差动电流二次谐波与基波分量加权计算后的比率大于闭锁限值 Id2f/Id1f>且闭锁功能经开关 SGF2/1 置为有效,则相关相将对制动式保护段的动作实施闭锁。若相关相差动电流的值位于跳闸曲线的上方而其他相的动作信号并未激活,则可利用 SGR3 来将闭锁信号送往所期望的出口继电器。闭锁将保持有效直至比率 Id2f/Id1f 低于闭锁限值。如果电力变压器投励时遭遇保护区内的故障,则基于差动电流的闭锁会被一个专用算式所取消。这时,即使投励时涌流中的差动电流含有大量的二次谐波,也不会延迟继电器的动作。闭锁取消动作的算式是基于正常投励涌流与投励涌流含有故障电流两者具有不同的波形和不同的变化速率。运算式不会在投励涌流出现时取消闭锁,除非保护区内存在故障现象。必要时,算式的动作可置为无效(开关 SGF2/2)。

(4) SPAD 346 C 差动继电器差动电流五次谐波的闭锁

过励磁情况下继电器动作的闭锁原理基于差动电流五次谐波和基波分量的比率 Id5f/Id1f。过电压高于危险值时会损坏变压器,这时利用另一单独的解闭锁定值 Id5f/Id1f≫来自动解除闭锁功能。必要时,基于差动电流二次和五次谐波的闭锁功能可以设置成无效。过励磁情况下继电器动作的闭锁是基于差动电流五次谐波和基波分量幅值之比 Id5f/Id1f。每相单独计算,不用加权系数。如果比率超出定值 Id5f/Id1f 且闭锁功能经开关 SGF2/3 置为有效,则相关相将对继电器制动式保护段的动作实施闭锁。如果相关相的差动电流超出跳闸曲线值而同时其他相的动作信号并未激活,则通过 SGR3 可将闭锁信号送往所期望的出口继电器。若差动电流五次谐波与基波分量比率接近危险的高过电压值时,可用 Id5f/Id1f≫的整定值来迅速解除闭锁。如果将开关 SGF2/4(SGF2/4=1)置为有效且五次谐波和基波分量的比率大于整定值 Id5f/Id1f≫,则闭锁功能就被解除。

(5) SPAD 346 C 差动继电器差动电流瞬动段

除了制动段外,差动继电器模块 SPCD3D53 还具有一个单独可调的瞬动段,其动作不被制动。当计算出的差动电流基波分量超出动作的整定值 I_d/I_n≫或差动电流的瞬时值超出 2.5×I_d/I_n≫时,差动电流瞬动段动作。瞬动段 I_d/I_n≫的定值范围是 5~30。如果制动电流小于差动电流的 30%,这几乎可以肯定保护区内发生故障。在这种情况下,动作整定值将自动减半且制动段的闭锁也将自动解除。

(6) SPAD 346 C 差动继电器差动故障录波

差动继电器模块 SPCD 3D53 内置了一个可以记录六个相电流、模块的内部跳闸和闭锁信号和控制输入信号的故障录波器。录波功能可以由这些信号的上升沿或下降沿来触发。录波长度是 38 个周波。录波用的存储器具有一次存放一个记录的能力。采样频率为 40 点/周波。记录由 PC 机的程序下载。新的记录开始之前,必须将录波用的存储器复位。

(7) SPAD 346 C 差动继电器特性

制动式保护段 3ΔI>的动作特性由基本定值 P/I_n、起动比率 S 的定值和特性第二拐点 I_2tp/I_n 的定值来确定。当差动电流超出动作特性的整定值时,继电器供给一个动作信号,除非继电器模块内部闭锁了跳闸功能或该功能被某个外部闭锁信号 BS1、BS2、BS3、BS4 或 BS5 或内部模块间闭锁信号 BS INT1、BS INT2 或 BS INT3 所闭锁。开关 SGB2/1…8 用

于设置闭锁信号。设被保护设备输入和输出侧上 CT 二次电流的基波电流是矢量 I_1 和 I_2。则差动电流 I_d 的幅值可由下式获得：$I_d=\left|\dot{I}_1-\dot{I}_2\right|$

正常情况下差动继电器保护的区域没有故障。此时电流 I_1 和 I_2 相等，则差动电流 $I_d=0$，不过，一般情况下实际的差动电流往往不等于零。电力变压器保护中，差动电流是由 CT 误差、抽头位置改变、变压器空载电流和变压器投入时的涌流造成的。由 CT 误差与抽头位置改变引起的差动电流将以相同的百分比随负载电流的增加而增加。在制动式差动继电器中，跳闸所需的差动电流越大，负载电流也越大。继电器的制动电流 I_d 由下式获得：

$$I_b=\frac{\left|\dot{I}_1+\dot{I}_2\right|}{2}$$

如图 1-11 所示的动作特性所示，继电器的动作受到了制动量的影响。差动继电器模块制动式保护段的基本定值 P/I_n 按图所示确定如下：$P/I_n = I_{d_1}/I_n$ 启动比率 S 相应由下式确定：$S=I_{d_2}/I_{b_2}$ 第二拐点 $I_2\text{tp}/I_n$ 可在 1.0…3.0(I_b/I_n)的范围内选定。第一拐点固定在 $I_b/I_n=0.5$ 处，差动继电器模块动作特性的斜率随不同的部位而定。如图 1-12 所示，在区域 1(0.0≤I_b/I_n<0.5=中，跳闸所需的差动电流是常数。差动电流的值与继电器模块选定的基本定值 P/I_n 相同。基本定值主要顾及电力变压器的空载电流，但它也会影响整个动作特性的起始值。额定电流时电力变压器额定电压下的空载损耗约为 0.2%。如果变压器供电电压由于操作原因突然增加，则变压器的激磁电流也会增加。通常额定电压下变压器的磁通密度相当高，因此只要电压升高百分之几，就会引起激磁电流增加百分之几十。基本定值设定时应考虑这一点。区域 2，即 0.5≤£I_b/I_n<$I_2\text{tp}/I_n$，称为起动比率 S 的作用区。在此区域内，起动比率的变率影响特性的斜率。即与负载电流的变化相比，跳闸所需差动电流的变化也要同样大。

起动比率应考虑 CT 误差和电力变压器抽头位置变化的影响。应该避免将起动比率定得太高，因为差动继电器检测变压器匝间故障的灵敏度主要取决于起动比率。高制动电流区域 $I_b/I_n \geqslant I_2\text{tp}/I_n$ 内，特性的斜率是常数(区域 3)，斜率为 100%。这意味着差动电流与相应制动电流的上升斜率是相同的。

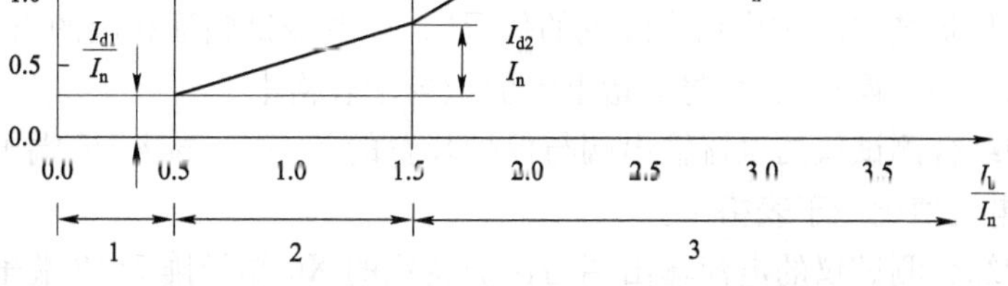

图 1-11　差动继电器模块 SPCD3D53 动作特性

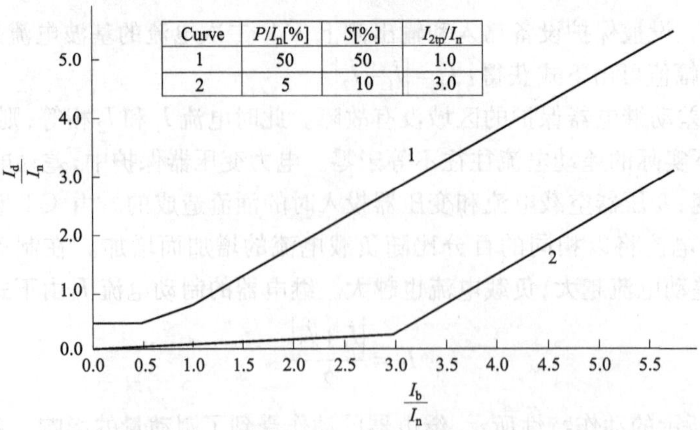

图 1-12 差动继电器模块 SPCD 3D53 制动式差动电流段的整定范围

(8) 组合式过流和接地故障继电器模块 SPCJ 4D28

组合式过流和接地故障继电器模块 SPCJ 4D28 的过流单元是为电力变压器和发电机的单相、两相和三相短路保护而设计的。过流保护包括三个过流保护段：$I>$段、$I\gg$段和 $I\ggg$段。一旦某相电流超出保护段的整定值，过流保护段就起动。如果过流状态持续时间超出模块动作时间的整定值，保护段就发出一个跳闸信号给断路器。

组合式过流和接地故障继电器模块 SPCJ 4D28 的接地故障单元专门用于无方向性的接地故障保护，它很适合作为电力变压器的后备保护。接地故障单元具有两个保护段：低定值保护段 $I_0>$和高定值保保护段 $I_0\gg$。保护段起动时，起动信号可任意送往信号输出端。如果接地故障仍然存在，则整定的动作时间终了时，保护段发出动作信号。低定值保护段($I>$和 $I_0>$)具有定时限或反时限的动作特性，而高定值保护段只有定时限动作特性。不同保护段的动作均可以通过对设置开关进行相应的整定来闭锁。

另外，组合式过流和接地故障继电器模块 SPCJ 4D28 还具有断相保护段 $\Delta I>$。断相保护检测各相电流的最小值与最大值并计算相间的电流差 ΔI。断相保护单元可用来监测电网的状况。对于 Yy 接线的电力变压器，断相保护至少还有发信的功能。在特定的情况下，断相保护还可以用作小型发电机的不平衡保护。组合式过流和接地故障继电器模块 SPCJ4D28 检测继电器高压侧的相电流输入 IL1、IL2 和 IL3 及低压侧零序电流输入 I_{02}。

2. SPAD 346 C 差动继电器的校验

(1) 最小动作电流 p/I_n(%)的检验

将继电保护综合测试仪的电流输出端与保护装置的 X0 端子排 1～2 端子相连。合上继电保护综合测试仪的电流输出开关，缓慢增大输出电流值，直至保护动作，记录保护动作值于表格中。检查保护装置动作指示为红色的代码“1”。并测试验证相应的出口、信号接点正确闭合。重复以上两步操作三次，将测量电流值记录于表格中。

将继电保护综合测试仪的电流输出端与保护装置的 X0 端子排 4～5 端子相连。重复以上操作，将测量电流值记录于表格中。

将继电保护综合测试仪的电流输出端与保护装置的 X0 端子排 7～8 端子相连。重复以上操作，将测量电流值记录于表格中。

将继电保护综合测试仪的电流输出端与保护装置的 X0 端子排 13～14 端子相连。重复以上操作,将测量电流值记录于表格中。

将继电保护综合测试仪的电流输出端与保护装置的 X0 端子排 16～17 端子相连。重复以上操作,将测量电流值记录于表格中。

将继电保护综合测试仪的电流输出端与保护装置的 19～20 端子相连。重复以上操作,将测量电流值记录于表格中。

(2) 第一拐点校验

将继电保护综合测试仪的电流输出端分别与保护装置的 X0 端子排 1～2 端子和 13～14 端子相连。对照保护装置的第二翻转点定值,在继电保护综合测试仪的两个电流输出端均设置为输出电流 0.5 A,相位相同。合上输出电流开关。缓慢增加一个电流,同时缓慢降低另一个输出电流,直至保护装置动作,记录此时的电流值于表格中。检查保护装置动作指示为红色的代码“1”。并测试验证相应的出口、信号接点正确闭合。在继电保护综合测试仪的两个电流输出端分别设置为输出电流 0.5 A 左右,作三点测试,将每次测试所得保护动作电流记录于表格中。对保护装置的 B 相和 C 相,重复以上测试,将测量结果记录于表格中。

(3) 制动特性斜率 S 的测量

将继电保护综合测试仪的电流输出端分别与保护装置的 X0 端子排 1～2 端子和 13～14 端子相连。在继电保护综合测试仪的两个电流输出端均设置为输出电流 $0.5I_n$ 相位相同。合上输出电流开关。缓慢增加一个电流,同时另一个输出电流保持不变,直至保护装置动作,记录此时的电流值于表格中。检查保护装置动作指示为红色的代码“1”。并测试验证相应的出口、信号接点正确闭合。再设置电流为 $1.0I_n$,采用相同的方法进行测试。对保护装置的 B 相和 C 相,重复以上测试,将测量结果记录于表格中。两次测量的动作电流之差于制动电流之比即为 S。

(4) 第二拐点 I_2tp/I_n 的检验

将继电保护综合测试仪的电流输出端分别与保护装置的 X0 端子排 1～2 端子和 13～14 端子相连。对照保护装置的第二翻转点定值,在继电保护综合测试仪的两个电流输出端均设置为输出电流 I_2tp,相位相同。合上输出电流开关。缓慢增加一个电流,同时另一个输出电流保持不变,直至保护装置动作,记录此时的电流值于表格中。检查保护装置动作指示为红色的代码“1”。并测试验证相应的出口、信号接点正确闭合。在继电保护综合测试仪的两个电流输出端,分别固定差流 ID 为(2.5 s+0.2)A 不变、制动电流 I_b 在 I_2tp 左右作三点测试,将每次测试所得保护动作电流记录于表格 5 中,经过比较就是 I_2tp 的值。对保护装置的 B 相和 C 相,重复以上测试,将测量结果记录于表格中。

(5) 二次谐波制动系数 $I_{d_2}f/I_{d_1}f$ 的检验

将继电保护综合测试仪的电流输出端子与保护装置的 X0 端子排 1～2 端子相连,调节继电保护综合测试仪的输出电流,使差动电流 2 倍于整定值(制动电流小于该差动电流下的制动值)。调整二次谐波电流为 96%× $I_{d_2}f/I_{d_1}f$,断开继电保护综合测试仪的输出电流,复位保护装置。瞬时加上输出电流,检验保护装置可靠动作。重复以上操作三次,将检验结果记录于表格中。

调整二次谐波电流为 104%× $I_{d_2}f/I_{d_1}f$,断开继电保护综合测试仪的输出电流,复位保护装置。瞬时加上输出电流,检验保护装置可靠制动。检查保护装置动作指示为红色的代码“3”。并测试验证相应的出口、信号没有动作。重复以上操作三次,将检验结果记录于表格中。对保护装置的B相和C相用同样的方法进行测试,将测试结果记录于表格中。

(6) 五次谐波制动系数$I_{d_5}f/I_{d_1}f>$的检验:

将继电保护综合测试仪的电流输出端子与保护装置的X0端子排1～2端子相连,调节继电保护综合测试仪的输出电流,使差动电流2倍于整定值(制动电流小于该差动电流下的制动值)。调整五次谐波电流为96%×$I_{d_5}f/I_{d_1}f>$,断开继电保护综合测试仪的输出电流,复位保护装置。瞬时加上输出电流,检验保护装置可靠动作。重复以上操作三次,将检验结果记录于表格中。

调整五次谐波电流为104%×$I_{d_5}f/I_{d_1}f>$,断开继电保护综合测试仪的输出电流,复位保护装置。瞬时加上输出电流,检验保护装置可靠制动。检查保护装置动作指示为红色的代码"3"。并测试验证相应的出口、信号没有动作。重复以上操作三次,将检验结果记录于表格中。对保护装置的B相和C相用同样的方法进行测试,将测试结果记录于表格中。

(7) 差流速断$3\Delta I\gg$的校验

记录SGR1组态开关各位的值。将SGR1组态开关的各位值调整为零(说明:将SGR1组态开关的各位调整为零,是为了禁止差动制动段$3\Delta I>$抢先动作)。将继电保护综合测试仪的电流输出端子分别与保护装置的X0端子排1～2端子和14～13连接。(将电流从14端子输出,13端子输出)复位保护装置。合上继电保护综合测试仪的电流输出开关,缓慢增大输出的两相电流,直至保护装置动作,记录动作时的两个电流值于表格中。检查保护装置动作指示为红色的代码"2"。并测试验证相应的出口、信号接点正确动作。重复以上操作三次,将每次的测量值记录于表格中。对保护装置的B相和C相,用同样的方法进行测量,将测量值记录于表格中。恢复组态开关SGR1的值。

注:若制动电流$I_b=|I_1+I_2|/2$小于30%的差动电流$I_d=|I_1-I_2|$,差动电流动作定值将减半。

(8) 保护动作时间的校验

将继电保护综合测试仪的电流输出端子分别与保护装置X0端子排的1～2端子相连。$3\Delta I>$跳闸信号根据SGR1决定:若SGR1/8=1,则保护跳闸信号可由TS4输出,停止计时端子可选X1端子排的11～12端子。合上继电保护综合测试仪的电流输出开关,记录所测试的时间于表格中。重复以上操作三次,将测试结果记录于表格中。

调节继电保护综合测试仪的输出电流为1.5倍的$3\Delta I>$,断开输出电流,复位保护装置。用同样的方法测试保护在3倍的$3\Delta I>$电流下的动作时间,将测试值记录于表格中。

调节继电保护综合测试仪的输出电流为1.5倍的$3\Delta I\gg$,断开输出电流,复位保护装置测试三次1.5倍差流速断动作电流下的保护动作时间,记录保护动作时间于表格中。

调节继电保护综合测试仪的输出电流为3倍的$3\Delta I\gg$,断开输出电流,复位保护装置测试三次3倍差流速断动作电流下的保护动作时间,记录保护动作时间于表格中。

1.4.4 常见控制回路

常见的6 kV厂用电系统控制回路主要分为进线/馈线/电动机VD4断路器控制回路、进线/馈线电/机械保持回路、电动机电保持回路和PT二次控制柜。下面简要介绍核岛应急母线LHA/B母线进线VD4断路器的二次控制原理。其余控制原理与此类似。

在介绍之前先简要复习相关知识点。

控制图常用符号说明见表1-10。

表 1-10　控制图常用符号说明

符号	说明	符号	说明
X0	58 针控制插座	S3、S4、S5	断路器辅助开关
Y1	合闸闭锁电磁铁	S8	小车试验位置辅助开关
Y2	第一分闸脱扣器	S9	小车工作位置辅助开关
Y3	合闸脱扣器	K0	防跳继电器
Y9	第二分闸脱扣器	V0-V9	桥式整流装置
S1	储能位置辅助开关	M0	储能电机
S2	合闸闭锁辅助开关	X100	试验插座

继电器作用说明见表 1-11。

表 1-11　继电器作用说明

继电器编号	额定电压/V	作用
K101	110	试验插头插入切断远方操作继电器
K204	110	开关柜综合报警继电器
K205	48	远方合闸继电器
K206	48	远方分闸继电器
K208	110	保护跳闸信号继电器
K361	110	泄压门保护继电器
K363	110	泄压门保护继电器

相关接线图见图 1-13～图 1-20。

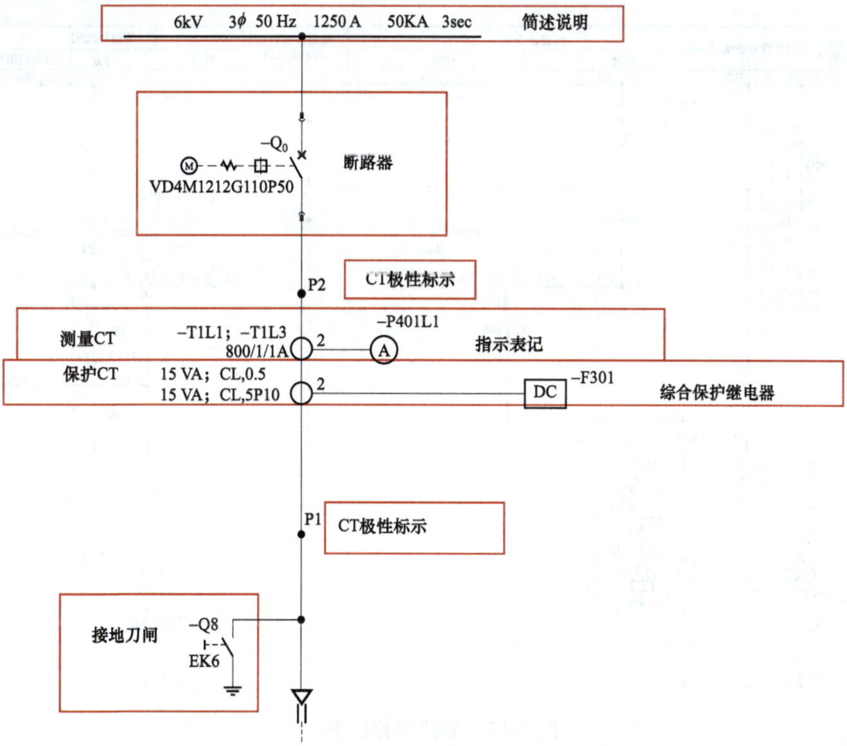

图 1-13　首页单线图

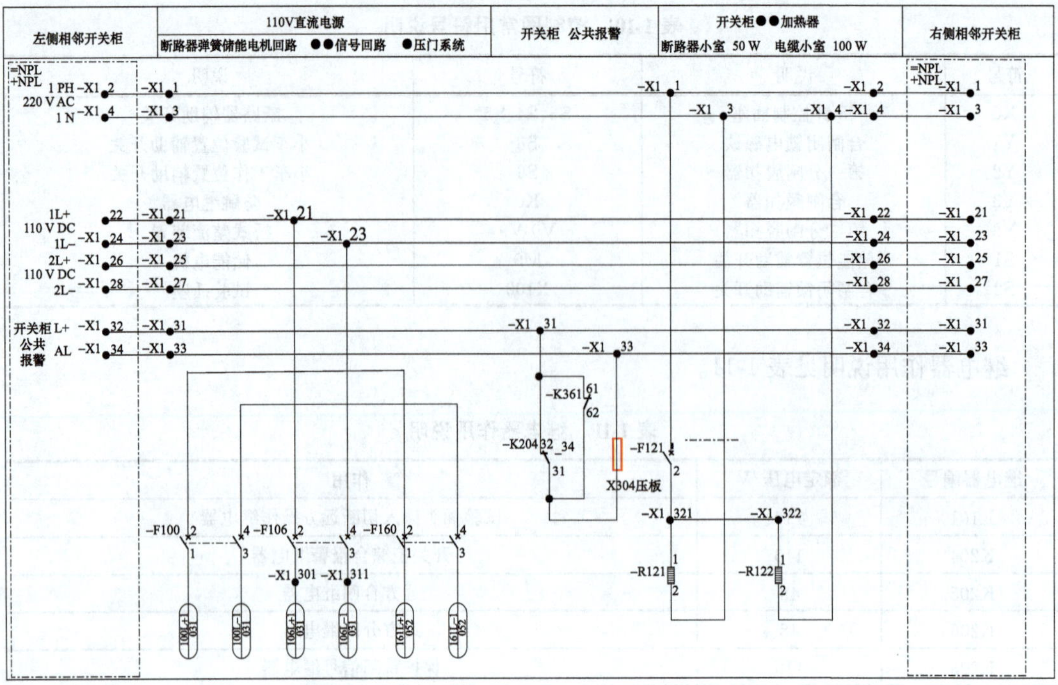

图 1-14　电源小母线图

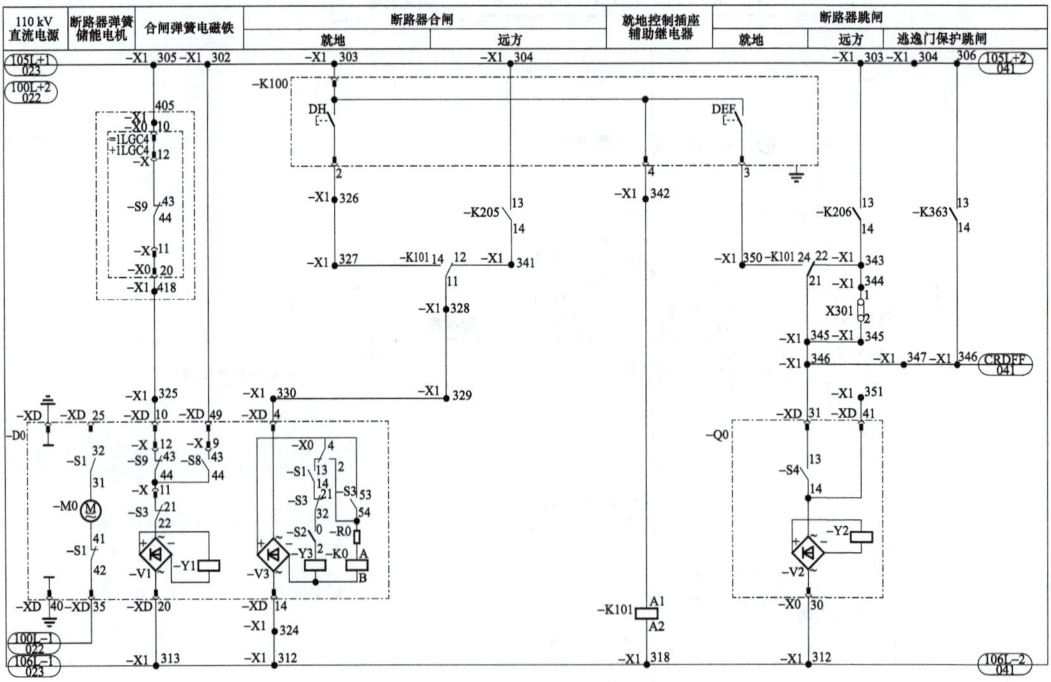

图 1-15　断路器控制图一

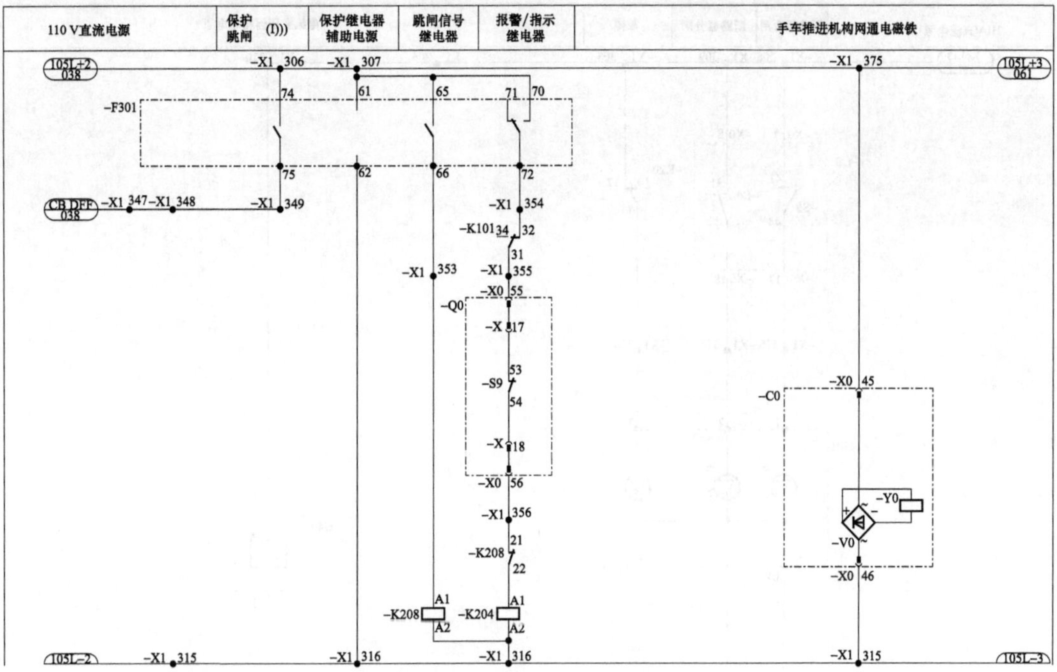

图 1-16　断路器控制图二

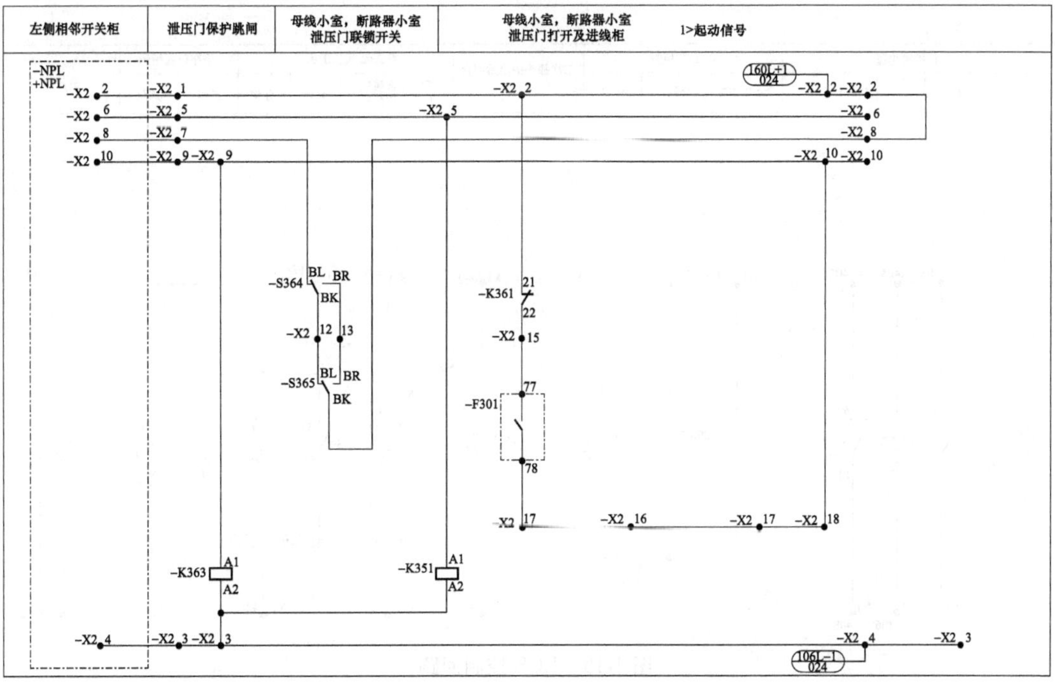

图 1-17　泄压门控制保护

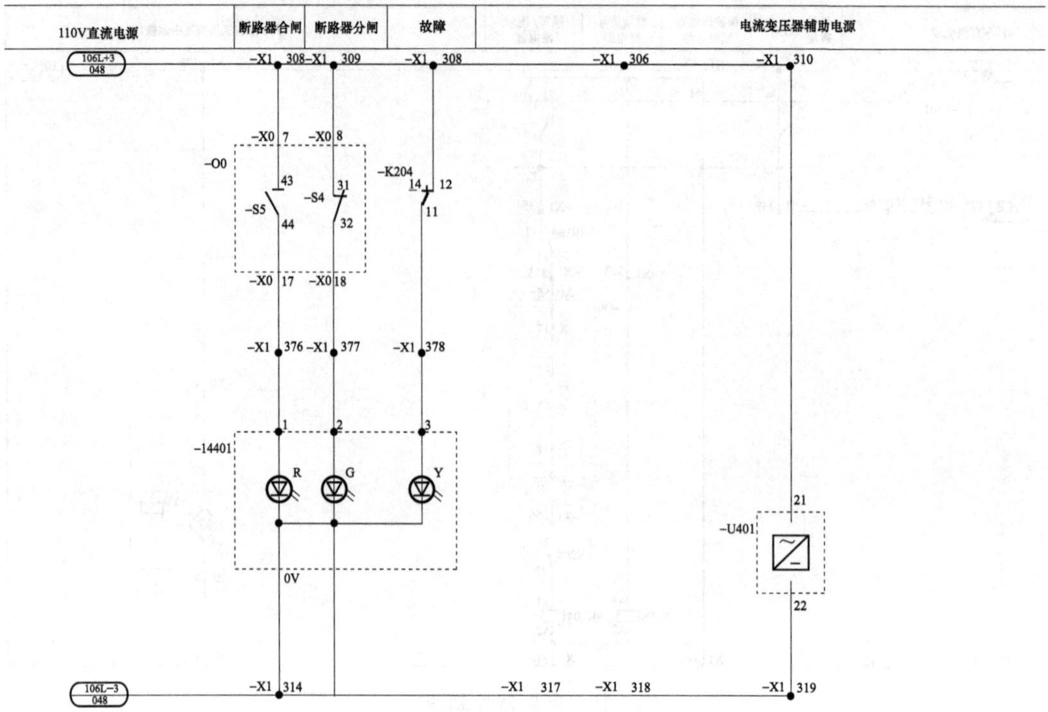

图 1-18 信号回路

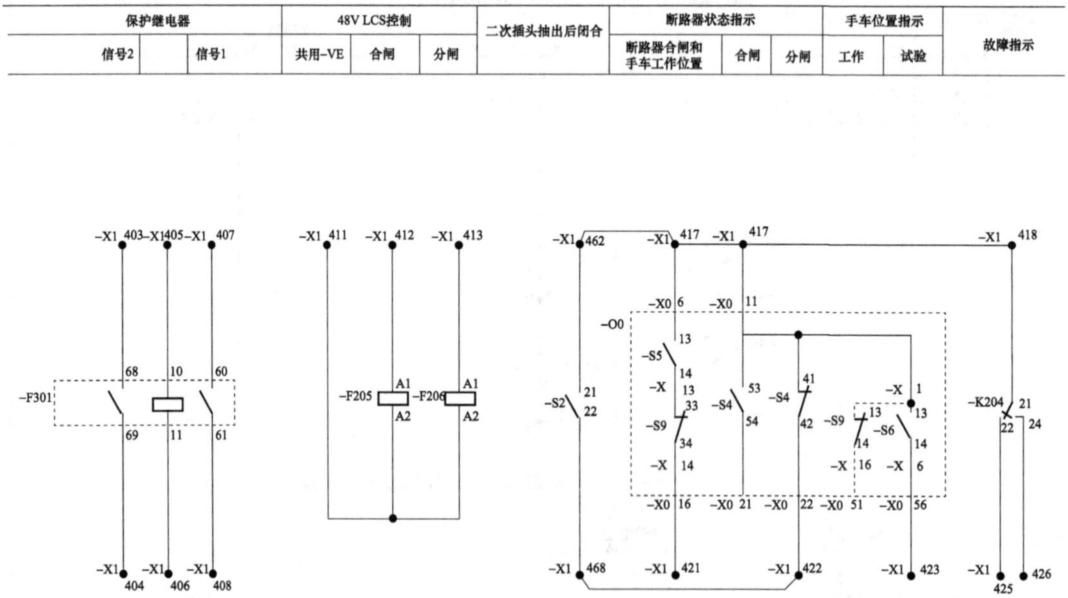

图 1-19 LCS 控制回路

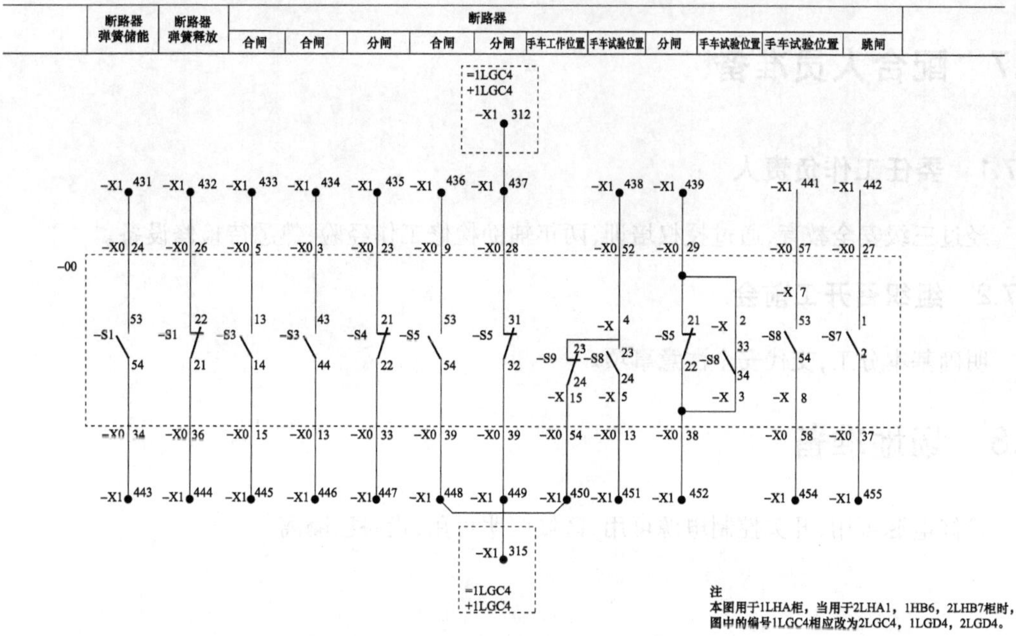

图 1-20　断路器辅助触点

值得一提的是在各类型的控制回路中广泛增设了压板，如 X301、X302、X303 和 X304，一般情况下，其功能分别是 X301 就地操作闭锁远方合闸，在该压板断开且插入就地操作试验盒后，开关将不能接收到远方跳闸指令；该压板广泛安装于各个控制回路；X302 单相接地保护闭锁跳闸，投上该压板后，零序保护允许跳闸，用于辅助变带载厂用电的运行工况，该压板多安装于电动机出线和 LKA、LKB 出线；X303 厂变进线联锁跳闸（在高厂变主电源被切断后连跳开关），用于在主电源跳闸后连跳相关开关以使得重要负荷得以可靠启动，如果在辅助变带载厂用电时想要运行安装有此压板的开关，则必须断开此压板；X304 报警压板，广泛安装于各个控制回路，当该开关要退出运行时，则断开此压板，以避免待检修开关触发主控相关电气报警。

1.5　辐射防护准备

绿区，不涉及。

1.6　工业安全准备

1.6.1　个人防护工器具准备

绝缘鞋、绝缘凳、验电笔、绝缘胶带、作业服。

1.6.2　建立检修区域

使用警示带设置隔离区域，并使用警示带将相邻设备隔离。

1.7 配合人员准备

1.7.1 委任工作负责人

经过三级安全教育,通过授权培训,两年辅助检修工作经验,熟悉待检修设备。

1.7.2 组织召开工前会

明确基本分工,交代安全注意事项。

1.8 场地准备

检修电源可用,开关控制电源可用,区域照明可用,设备已隔离。

第二章　操作实施

2.1　操作实施 1　文件、图纸、资料以及工器具的准备

文件、图纸、资料以及工器具的准备见表 2-1。

表 2-1　文件、图纸、资料以及工器具的准备

序号	操作步骤	操作要求	工器具	测评标准	备注
1	准备相关文档	文档收集齐全	N/A	文档收集齐全	
2	准备相关图纸	图纸为生效文件，或已批准的正式文件	N/A	文件为正式文件	
3	准备相关工器具	准备在有效期内的可用工器具	万用表测试仪等待	工器具准备完善，且都在有效期内	

2.2　操作实施 2　工作许可证的领取

工作许可证的领取操作见表 2-2。

表 2-2　工作许可证的领取

序号	操作步骤	操作要求	工器具	测评标准	备注
1	领取工作许可证	检查许可证信息	N/A	核对信息	
2	与隔离经理沟通	与隔离经理沟通，确认设备状态	N/A	三向交流	

2.3　操作实施 3　召开工前会

召开工前会操作见表 2-3。

表 2-3　召开工前会

序号	操作步骤	操作要求	工器具	测评标准	备注
1	交代检修内容	明确相工作组说明检修内容以及作业范围	N/A	描述全面、准确、无遗漏	
2	布置分工	分工合理	N/A	布置得当	
3	交代安全注意事项	进行风险分析，并准备应对措施	N/A	风险分析准确	

2.4 操作实施 4 验证设备标牌,检查初始条件

验证设备标牌,检查初始条件见表 2-4。

表 2-4 验证设备标牌,检查初始条件

序号	操作步骤	操作要求	工器具	测评标准	备注
1	验证设备标牌	设备标牌应与工作许可证和工作包文件保持一致	N/A	核对设备标牌	
2	验证隔离	核对隔离条件是否与工作许可证一致,是否满足要求	N/A	仔细核对	
3	检查初始条件	检查确认现场作业环境、检修电源等	N/A	明确检修现场需求	

2.5 操作实施 5 设备外观检查以及清扫

设备外观检查以及清扫见表 2-5。

表 2-5 设备外观检查以及清扫

序号	操作步骤	操作要求	工器具	测评标准	备注
1	外观检查	目视对柜体进行检查	N/A	观察仔细全面	
2	设备清扫	对设备把手、按钮、插头、端子排等进行清扫	毛刷、白布	操作熟练而小心,清扫时不误碰其他设备	

2.6 操作实施 6 安措布置

安措布置操作见表 2-6。

表 2-6 安措布置

序号	操作步骤	操作要求	工器具	测评标准	备注
1	分析工作	分析检修工作可能会影响的外部设备,以及可以采取的安全措施	N/A	分析全面	
2	布置安措	按照分析结果执行安措布置,并做详细记录	N/A	操作熟练	

2.7　操作实施 7　绝缘测量

绝缘测量操作见表 2-7。

表 2-7　绝缘测量

序号	操作步骤	操作要求	工器具	测评标准	备注
1	试验准备	表计验证，接地点拆除	工具包	表计有效， 接地点有效拆除	
2	试验	回路绝缘测量	兆欧表	测量方式正确	
3	恢复接地点	恢复回路可靠接地点，并进行测量	工具包、 万用表	对恢复后的 接地点进行验证	

2.8　操作实施 8　继电器校验

继电器校验操作见表 2-8。

表 2-8　继电器校验

序号	操作步骤	操作要求	工器具	测评标准	备注
1	外观检查	检查外部形状完好、清洁，可动部分以及元件接触部分无异常	N/A	检查全面	
2	特性校验	动作电压、返回电压以及触点检查	工具包、 测试仪	接线正确，表计 以及工具使用正确	

2.9　操作实施 9　保护装置外观检查和上电自检

保护装置外观检查和上电自检见表 2-9。

表 2-9　保护装置外观检查和上电自检

序号	操作步骤	操作要求	工器具	测评标准	备注
1	外观检查	保护装置外壳无损坏变形现象，固定螺钉有无松动	N/A	检查全面	
2	上电自检	合上保护装置的直流电源，确认约在 15 s 内数码显示器循环显示正常，自检正常，无动作告警信息	N/A	检查全面	

2.10 操作实施 10 保护装置校验

保护装置校验见表 2-10。

表 2-10 保护装置校验

序号	操作步骤	操作要求	工器具	测评标准	备注
1	定值核对	核对保护装置储存的定值是否与定值单一致	N/A	核对定值操作准确	
2	保护功能校验	按照前述检修完成保护各功能的校验	工具包、测试仪	接线正确，表计以及工具使用正确	
3	定值核对	再次确认保护装置存储的定值是否与定值单一致	N/A	核对定值操作准确	

2.11 操作实施 11 回路传动试验

回路传动试验见表 2-11。

表 2-11 回路传动试验

序号	操作步骤	操作要求	工器具	测评标准	备注
1	检查接线	检查安措布置是否于该项工作冲突	N/A	检查全面	
2	对开关进行初始化设置	将开关置于相应的试验位置	工具包、测试仪	正确操作开关	
3	传动试验	模拟相应的故障，确认开关动作行为	工具包、测试仪	模拟信号准确可靠，预判开关行为准确	

2.12 操作实施 12 现场清理

现场清理操作见表 2-12。

表 2-12 现场清理

序号	操作步骤	操作要求	工器具	测评标准	备注
1	现场恢复	恢复所有整定值、二次接线，将现场设备状态恢复至检修前的状态	N/A	按照之前的记录逐条进行	
2	清理现场	清理检修产生的垃圾，清点工器具	N/A	无垃圾遗存现场	

2.13　操作实施 13　工作结束

工作结束操作见表 2-13。

表 2-13　工作结束

序号	操作步骤	操作要求	工器具	测评标准	备注
1	汇报班组长	与班长沟通，汇报检修情况	N/A	汇报简洁明了全面	
2	归还工作许可证	与隔离经理沟通，汇报检修情况	N/A	三向交流	

2.14　实施中需要特别注意的几个关键点

2.14.1　隔离验证

需要确认待检修开关确已有效隔离，验电时注意正确操作步骤(应先在有电设备上确认验电笔、万用表工作正常)。

2.14.2　保护单元定值核对

需要按照生效定值单对保护单元每一项定值逐一核对，如有疑问需立即汇报设备管理工程师。核对定值时需要三向交流，并设置专人验证。且在工作结束后需要再次核查保护定值，以防忘记恢复试验时修改的保护定值。

2.14.3　安全措施布置

布置安措需要有效闭锁外部相关信号，以防外部信号干扰试验或者本试验干扰相关系统。如需拆接线，需要按照生效图纸进行，并详细记录接线改动情况，且所有临时拆接线都要设置有效的隔离，以防误碰。

2.14.4　继电器校验

外观检查时要检查仔细，确认触点是否有氧化老化等不良情况；观察其动作时有无卡涩异音。动作性能校验时需注意试验接线和继电器的额定工作电压，以防误加电压造成设备损坏。

2.14.5　保护校验

注意试验接线和测试仪设置，以防设备损坏；临时修改定值时需专人监护，且应有详细的记录。试验完成后要及时按照记录和定值单恢复。

2.14.6 传动试验

试验接线要严格按照有效图纸分析、讨论后形成的方案执行，以防误上电造成人身伤亡或者设备损坏。设置开关状态时要确认此状态是否超越隔离条件、是否会影响其他系统的正常工作或干扰其他工作。开关动作后要准确汇报开关动作行为并立即给出预判断。必要时需征得主控同意方可进行。

2.14.7 绝缘测量

依据有效图纸和讨论结果进行接地点有效临时拆除并做详细记录，测量绝缘时需先确认绝缘测试仪是否故障，测量完毕后要及时放电，及时按记录恢复接地点，并确认接地点已有效可靠恢复。

2.14.8 现场清理

现场设备按记录恢复至初始状态。

第三章　故障检查和处理

3.1　常见故障现象和判断方法检查和处理

常见故障现象和判断方法检查和处理见表 3-1。

表 3-1　常见故障现象和判断方法检查和处理

序号	故障现象	判断方法	故障原因分析	故障排除方法
1	保护装置自检故障	保护装置自检报警指示灯点亮	1. 保护装置内部模块故障 2. 保护装置模块接触不良	1. 将直流控制电源合闸 2. 记录保护装置故障数据 3. 根据故障代码判断故障类型，如有必要联系厂家处理
2	保护装置不能出口跳闸	保护装置动作，开关却未正常跳闸	1. 安措未接触 2. 开关跳闸线圈故障 3. 开关二次接插件未连接 4. 开关二次辅助触点故障 5. 出口矩阵整定、测试错误	1. 解除安措 2. 通过端子排测试跳闸线圈是否已经开路 3. 连接二次接插件 4. 测试开关辅助接点是否动作正常 5. 根据说明书以及定值单修改出口矩阵或者更改测试点

3.2　常见故障原因分析和故障排除方法

常见故障原因分析和故障排除方法见表 3-2。

表 3-2　常见故障原因分析和故障排除方法

序号	故障现象	原因分析及排查方法
1	额定工作电压下继电器拒动	查看测试仪是否设置正确。 查看测试仪输出容量是否满足继电器动作要求。 查看继电器是否已经烧毁，如烧毁办理相应手续进行更换。 查看继电器动作机构是否有异物，如有异物应取出后重新试验。若仍不动作则认定继电器故障，办理相应手续进行更换
2	开关拒动	继电器故障或者控制回路断线。通过手动分合闸试验或者直接在连接件上进行分合闸试验来确认。若可以手动分合闸，则认定是控制回路或者继电器故障，需逐段检查各回路。若不能手动分合闸，则需联系高压人员处理

3.3 特殊故障现象和判断方法

特殊故障现象和判断方法见表 3-3。

表 3-3 特殊故障现象和判断方法

序号	故障现象	判断方法
1	开关不能合闸	1. 有外部闭锁命令,如有控制电源正常但开关不能执行合闸命令,则有可能有外部闭锁信号。应查看有效图纸确认相关闭锁信号,并分析是否可以临时解除闭锁信号。 2. 开关位置状态不对,如果控制回路一切正常,可能是开关状态不对或者开关手车辅助接点故障,导致开关处于隔离位置和正常工作位置中间,开关自动闭锁了合闸命令。此时应请运行人员和高压人员协助重置开关位置,或者更换开关。 3. 二次连接件故障
2	开关可以合闸,但是合闸后随即跳闸	出现此类情况一般是由外部跳闸命令导致的。监测跳闸回路,确认是否有外部跳闸指令。如果确认外部无跳闸指令开入,则可能是开关位置不当或者本体故障,需要联系高压人员和运行人员联合诊断、处理
3	零序电流保护特性超标	零序电流动作值超过允许值
4	测试仪测试不到动作时间	测试仪不能根据程序设置自动测试保护动作时间

3.4 特殊故障原因分析和故障排除方法

特殊故障原因分析和故障排除方法见表 3-4。

表 3-4 特殊故障原因分析和故障排除方法

序号	原因分析	排除方法
1	开关不能合闸	1. 拆除相关闭锁信号。 2. 查看二次连接件有无异常。 3. 联系高压、运行
2	开关可以合闸,但是合闸后随即跳闸	1. 解除外部跳闸指令。 2. 联系高压、运行
3	零序电流保护特性超标	外部干扰,校验零序保护时拆除外部 CT 电缆
4	测试仪测试不到动作时间	查看输入测试仪的逻辑量为有源量还是无源量,是否与测试仪对应设置相符,如果不相符,则需做相应修改

第四章　操作结束

4.1　总结回顾培训过程以及关键点

其关键点为:恢复所有整定值、二次接线,将现场设备状态恢复至检修前的状态。需要按照生效定值单对保护单元每一项定值逐一核对。核对定值时需要三向交流,并设置专人独立验证,且在工作结束后需要再次核查保护定值,以防忘记恢复试验时修改的保护定值。

4.2　针对学员技能培训进行点评

学员对中压保护校验过程进行阐述,并说明其中的关键点以及注意事项。教员指出学员阐述过程中的错误以及需要注意的事项,对学员的学习情况做出整体评判。

4.3　召开技能培训操作工后会

通过工后会,分享本次操作中得到的经验教训,并对出现的问题进行反馈和跟踪,针对实际操作过程中遇到的问题进行逐一讨论,并做好经验反馈。

第五章 经验反馈

继电器拒动时首先验证机械部分是否有卡涩,可以通过继电器线圈直阻来进行初步断定。动作特性超标时要首先考虑是否有外部电缆干扰因素。必要时拆除外部电缆。

实施安措时要充分考虑运行工况,避免试验干扰系统设备的正常运行。

开关位置状态对开关的分合闸影响很大,必须确认开关以及完全置于试验位置或者工作位置。

测试仪的设置直接影响试验结果和工作进度,操作者必须熟练掌握测试仪的各种高级设置。

第六章 习 题

6.1 选择题

1. SPAJ142C 一般用作哪种用途?(D)

A. 合闸继电器; B. 分闸继电器; C. 报警继电器; D. 保护继电器

2. 下面哪个不是继电保护的基本组成部分?(D)

A. 测量单元; B. 逻辑单元; C. 执行单元; D. 跳闸继电器

3. 下面哪个不是对继电保护的基本要求?(D)

A. 选择性; B. 快速性; C. 可靠性; D. 低耗能

4. 与 SPAJ142C 相比,下面哪个不是 SPAM150C 特有的保护?(C)

A. 启动监视保护单元; B. 启动时间计数器保护单元;

C. 零序保护单元; D. 相不平衡保护单元

5. 传动试验前发现开关状态指示灯都不亮(三个都不亮),下面不可能的原因是?(C)

A. 指示电源开关未合; B. 指示灯故障;

C. 二次插头未插; D. 指示电源开关熔丝故障

6.2 判断题

1. 差动保护是根据基尔霍夫第二定律制作的。 (×)

2. 电流速断保护可以保护本段线路全长。 (×)

3. SPAM150C 具有高定值启动加倍和大电流闭锁接地保护的功能。 (√)

4. 若试验需要使用直流电源,短时间内可以考虑使用低频交流电源替代。 (×)

5. 在测试保护动作时间时,需要注意测试点的输出类型,如果为有源接点则必须设置测试仪使用相应的匹配设置。 (√)

6.3 简答题

1. 描述 SPAM150C 启动监视保护单元的校验过程。

答:启动监视单元校验方法如下:

(1) 保护动作电流 Is 的校验

—设定 SGF/7=0,校验定时限过流保护定值。

—将电子开关 SG4/3 的值设置为"1"。

—将保护动作时间 t_s 改为最小值(0.3 s)。

—将继电保护综合测试仪的 A、C 相电流输出端与保护装置的 1～3、7～9 端子相连。

—将保护装置的跳闸输出 77～78 端子接至继电保护综合测试仪的开入接口。

—监视保护装置的出口 SS1(77,78)输出接点是否闭合。

—缓慢增大继电保护综合测试仪的输出电流,至保护装置动作为止(动作指示为红色数字“6”),出口接点 77,78 闭合。

—缓慢降低测试仪的输出电流,直至保护装置返回(动作指示“6”消失,出口接点返回)。

—按保护装置面板上的“RESET”键,复归保护装置。

—重复以上三步操作三次,将每次测量的电流值记录于表格中。

(2) 保护动作时间 t_s 的校验

—将保护动作时间改回原定值。

—将继电保护综合测试仪的电流输出调整为 $1.5I_s$,按“RESET”键复归保护装置。

—合上继电保护综合测试仪的电流输出开关,同时开始计时。至保护装置动作后,停止计时。

(3) 热应力计算的启动管理单元定值的校验

设定 SGF/7=1 时,基于热应力计算的启动管理单元定值的校验。

当 SG4/1=0 时:

—将继电保护综合测试仪的 A、C 相电流输出端与保护装置的 1～3、7～9 端子相连(测试时需要根据实际情况进行调整)。

—将继电保护综合测试仪的电流输出调整为 $1.5I_\theta$,合上继电保护综合测试仪的电流输出开关,同时开始计时,直至保护出口动作(保护显示动作信息为“6”)。

—按保护装置面板上的“RESET”键,复归保护装置。

—重复以上两步操作,分别将继电保护综合测试仪的电流输出调整为:$1.5I_\theta$、$3I_\theta$、$5I_\theta$、$7I_\theta$、$9I_\theta$。

2. 绘制 SPAD346C 差动保护比率制动段动作曲线,并说明各个参数意义。

答:

动作特性曲线如下所示:

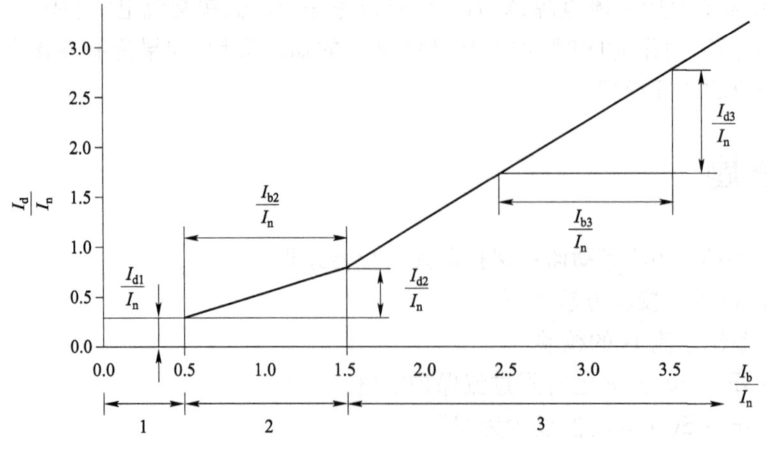

差动继电器模块 SPCD3D53 动作特性

最小启动电流：能够激励保护装置动作的最小动作电流，此时制动电流无效。

第一拐点电流：从此电流开始，保护装置进入制动段，差动电流与制动电流需满足一定的关系才会驱使保护装置动作。与第一斜率相对应。

第二拐点电流：从此电流开始，保护装置进入第二段制动段。与第二斜率相对应。

6.4　实操题

鉴定点：某机械保持变压器二次回路定检

试题 1：回路绝缘测试

1. 准备要求

考场准备：

(1) 试题名称：机械保持式熔断器+接触器(F+C)开关柜保护定检之绝缘测量

(2) 本题分值：10

(3) 考核时间：10 min

(4) 考核形式：实操

(5) 设备设施准备

序号	名称	规格	单位	数量	备注
1	模拟体		台	1	教学用模拟体一台
2	个人工具包		套	1	试验
3	万用表		台	1	测量信号
4	兆欧表		台	1	绝缘测量
5	线包		套	1	试验接线
6	绝缘扎带		米	若干	绝缘、隔离

考生准备：

(1) 试题名称：回路绝缘测试

(2) 本题分值：10

(3) 考核时间：10 min

(4) 考核形式：实操

(5) 工具及其他准备：电工常用工具

2. 考核要求

(1) 本题分值：10

(2) 考核时间：10 min

(3) 考核形式：实操

(4) 具体考核要求：检修初始条件的检查，测量前的验电工作，必要的安措布置

(5) 否定项说明：未验电即开展工作。

3. 配分与评分标准

序号	考核内容	考核要点	配分	评分标准	扣分	得分
1	隔离验证	确定现场设备为工作票上注明的设备，确定现场隔离是否满足工作	3	1. 未模拟检查隔离状态扣2分。 2. 未模拟核对设备标牌扣1分		
2	安措布置及测量	对影响试验的接线进行梳理，并安装必要的安全措施	4	1. 未根据生效图纸核对现场接线扣1分。 2. 未在图纸上标注测试点扣1分。 3. 未断开外部开关即开始测量扣1分。 4. 未使用规定的挡位扣1分		
3	接地点拆除以及恢复	接地点的拆除以及恢复	3	1. 未拆除接地点即开始测量扣2分。 2. 接地点恢复后未再次验证扣1分		

否定项：未验电即开始进行绝缘测量。

评分人：　　年　　月　　日　　　　　　　　　　　　　　　核分人：　　年　　月　　日

试题2：保护装置校验

1. 准备要求

考场准备：

(1) 试题名称：机械保持式熔断器+接触器(F+C)开关柜保护定检

(2) 本题分值：40

(3) 考核时间：40 min

(4) 考核形式：实操

(5) 设备设施准备

序号	名称	规格	单位	数量	备注
1	模拟体		台	1	教学用模拟体一台
2	继保测试仪		套	1	试验工具
3	个人工具包		套	1	试验
4	万用表		台	1	测量信号
5	兆欧表		台	1	绝缘测量
6	线包		套	1	试验接线
7	绝缘扎带		米	若干	绝缘、隔离

考生准备：

(1) 试题名称：保护装置校验

(2) 本题分值:40

(3) 考核时间:40 min

(4) 考核形式:实操

(5) 工具及其他准备:电工常用工具以及继保测试仪

2. 考核要求

(1) 本题分值:40

(2) 考核时间:40 min

(3) 考核形式:实操

(4) 具体考核要求:保护装置的操作准确,保护定值的核对严谨,保护单元的校验仔细。

(5) 否定项说明:未进行保护定值的核对。

3. 配分与评分标准

序号	考核内容	考核要点	配分	评分标准	扣分	得分
1	保护装置初上电	保护装置的操作。	5	1. 未模拟检查隔离状态扣3分。 2. 未确认保护装置状态扣2分		
2	保护定值核对	开工前核对定值	5	操作不熟练扣2分		
3	安措布置	准确的安措布置	3	1. 布置不完全扣2分。 2. 未使用绝缘胶带扣1分		
4	试验接线	接线准确	5	接线错误直接扣5分		
5	保护单元校验以及传动试验	校验保护单元试验二次回路	12	1. 不会操作保护装置扣2分。 2. 未在试验前分析保护行为,有选择投退保护单元扣2分。 3. 试验参数设置不合理扣2分。 4. 校验过程中未及时切断试验输出扣3分。 5. 试验过程中触发试验仪器异常告警扣5分。 6. 不会操作开关分合闸扣12分。 7. 不能试验时因外部跳闸命令导致试验失败的扣2分		
6	现场清理	清理现场	10	1. 未收集检修过程产生地垃圾扣5分。 2. 未清点工具扣5分		

否定项:1. 未进行开工前和开工后的定值核对。

2. 试验过程导致电源短路。

评分人:　　年　　月　　日　　　　　　　　核分人:　　年　　月　　日

附:检修记录表:

表 1 绝缘检查记录表

项目 / 测试点	绝缘测量值/MΩ	验收标准	结论
交流电流回路对地			合格
直流回路对地			合格

表 2 继电器校验数据记录表

继电器编号	型号	额定电压/V	动作值/V	返回值/V	返回系数	结论
K101	HB RH1004	110				
K204	HB RH1004	110				
K205	KC6-31Z	48				
K206	KC6-31Z	48				
K207	KC6-31Z	110				
K208	KC6-31Z	110				
K209	KC6-31Z	110				
K363	KC6-31Z	110				

表 3 内部元件测试结果记录表

测试项目	检查结果	备注
内部自检		
电源模块		

表 4 输入量检查结果记录表

测试项目	结果	备注
开关量输入		
模拟量输入		

表 5 输出量检查结果记录表

检查项目	检查结果	备注
输出量检查		

表 6 安全失速时间 t_{6x} 校验数据记录表（若保护定值 t_{6x}=120 s，此项校验不做）

保护定值	实测值			
I_θ= A I_n= A t_{6x}= s （误差：±2%/±0.5 s）	次数	整定值/s	测量值/s	误差/%
	1	—	—	—
	2	—	—	—
	3	—	—	—

表 7　热过载保护动作值校验数据记录表（若保护定值 t_{6x}=120 s，此项校验不做）

保护定值	测量值		特性曲线对应动作时间/s	误差/%	结论
	电流(I/I_θ)	时间/s			
I_θ=　A t_{6x}=　s P= 运行误差:±10%	5				
	7				
	8				
	9				
	10				

表 8　启动管理单元定值校验数据记录表

保护定值	测量值				
	SG4/1=0				
	电流(I/I_θ)	理论时间	时间/s	误差/%	结论
I_θ=　A I_s=　A t_s=　s $I_{s2}\times t_s$= 误差允许值:±10%	3				
	5				
	7				
	9				

表 9　高定值过流保护定值校验数据记录表

保护定值	测量值					
	测量次数	动作电流	返回电流	返回系数	测量次数	动作时间
$I\gg$=　A $t\gg$=　s	1				1	
	2				2	
	3				3	

注:误差允许范围:动作电流±3%,动作时间±2%或±25 ms,返回系数不小于 0.9

表 10　接地故障保护单元校验数据记录表

保护定值	测量值					
	测量次数	动作电流/A	返回电流/A	返回系数	动作时间/s	结论
I_0=　A t_0=　s	1					
	2					
	3					

注:误差允许范围:动作电流±3%或者±0.000 5 I_n,动作时间±2%或±25 ms,返回系数不小于 0.9

表 11 相电流不平衡保护单元校验数据记录表

保护定值	测量值		理论时间值/s	误差/%
	电流(ΔI%)	时间/s		
ΔI=20% Δt=40 s	85%			
	80%			
	70%			
	60%			
	40%			

注:误差允许范围:动作时间±20%;单相动作时间:1 s

表 12 不正确相序单元校验数据记录表（注：不正确相序动作时间：600 ms）

试验次数	动作时间/ms	结论
1		
2		

表 13 启动时间计数器单元校验数据记录表

保护定值	测量值		
	测量次数	动作时间/s	误差/%
$\sum t_{si}=$ s	1		
	2		
	3		

注:如果$\sum t_{si}$定值为 500 s,$\Delta\sum t_s$定值为 250 s/h,不进行此项校验

表 14 制动段 3ΔI＞的 P/I_n［%］最小启动电流校验：P/I_n［%］=30%

项目 \ 相别			A 相	B 相	C 相
6 kV 侧	试验外加动作电流/A				
	试验外加返回电流/A				
	装置实测动作电流/I_n				
	装置实测返回电流/I_n				
	时间测量/t	外加电流/A			
		$I=$ A			
中性点侧	试验外加动作电流/A				
	试验外加返回电流/A				
	装置实测动作电流/I_n				
	装置实测返回电流/I_n				
	时间测量/t	外加电流/A			
		$I=$ A			

表 15　差速断 I_d/I_n≫动作电流校验：I_d/I_n≫=5

	项目 ＼ 相别		A 相	B 相	C 相
6 kV 侧	试验外加动作电流/A				
	装置实测动作电流/I_n				
	时间测量/t	外加电流/A			
		I=　A			
中性点侧	试验外加动作电流/A				
	装置实测动作电流/I_n				
	时间测量/t	外加电流/A			
		I=　A			

表 16　二次谐波闭锁试验：$I_{d_2}f / I_{d_1}f$（%）=20%

	相别	加入基波电流/A	加入二次谐波电流/A	动作情况
6 kV 侧	A 相			
	B 相			
	C 相			
中性点侧	A 相			
	B 相			
	C 相			

表 17　比率制动特性试验：［起始斜率：S（%）=10%　　第二反转点：I_2tp/I_n=3］

相别	项目	第一拐点		第二拐点	
A 相	中性点侧外加电流值/I_1				
	6 kV 侧外加电流值/I_2				
	装置内实测差流值				
	改变 6 kV 侧电流				
	装置状态				
	装置内显示差流值				
	计算斜率 $K = I_{d_1} - I_{d_2} / I_{b_1} - I_{b_2}$				
B 相	中性点侧外加电流值/I_1				
	6 kV 侧外加电流值/I_2				

续表

相别	项目	第一拐点		第二拐点	
B相	装置内实测差流值				
	改变 6 kV 侧电流				
	装置状态				
	装置内显示差流值				
	计算斜率 $K=I_{d_1}-I_{d_2}/I_{b_1}-I_{b_2}$				
C相	中性点侧外加电流值/I_1				
	6 kV 侧外加电流值/I_2				
	装置内实测差流值				
	改变 6 kV 侧电流				
	装置状态				
	装置内显示差流值				
	计算斜率 $K=I_{d_1}-I_{d_2}/I_{b_1}-I_{b_2}$				